Beiträge

zur

Kenntnis der Tsetsefliege

(Glossina fusca und *Gl. tachinoides).*

Von

Dr. Franz Stuhlmann,

Kais. Geheimem Regierungsrat und Direktor des Biologisch-Landwirtschaftlichen Instituts
in Amani (Deutsch-Ostafrika).

Mit 4 Tafeln und 28 Textabbildungen.

Sonderabdruck aus
„Arbeiten aus dem Kaiserlichen Gesundheitsamte", Band XXVI, Heft 3.

Berlin.

Verlag von Julius Springer.

1907.

ISBN-13:978-3-642-90452-3   e-ISBN-13:978-3-642-92309-8

DOI: 10.1007/ 978-3-642-92309-8

Auf Anregung des Geh. Medizinalrates Prof. Dr. Robert Koch beschäftigte ich mich in der Zeit vom September 1905 bis April 1906 mit der Anatomie der Tsetsefliege, weil dieses Tier ·wegen seiner Schädlichkeit in hohem Grade das Interesse der Forscher beanspruchen wird. Die Untersuchungen wurden auf dem BiologischLandwirtschaftlichen Institut in Amani (Deutsch-Ostafrika) angestellt. Da meine Dienstgeschäfte mir nur wenig freie Zeit für diese Arbeit ließen, da ich andererseits mehr als 16 Jahre nicht mehr zoologisch gearbeitet hatte, so können diese Beobachtungen keinen Anspruch auf irgend welche Vollständigkeit machen. Ich habe vor allem nur die Organe der Fliege studiert, welche für die Entwicklung des TsetsekrankheitsParasiten, des *Trypanosoma*, in Frage kommen. Außer acht gelassen wurden auch viele biologische Beobachtungen, die von R. Koch begonnen wurden, und über die derselbe jedenfalls selbst berichten wird. Endlich gestattete unser noch junges Institut in Amani kein ausführliches Eingehen auf die Literatur, die ich mit wenigen Ausnahmen nur nach den Referaten im „Zoologischen Jahresbericht" berücksichtigen konnte. Diesem Mangel konnte ich auch während eines kurzen Urlaubs in Deutschland nicht abhelfen.

Als Material diente mir in erster Linie *Glossina fusca* (Walk.), die um Amani am Fuße der Usambaraberge massenhaft vorkommt, nächstdem hatte ich *Glossina tachinoides* (Westw.) von hier und *Glossina palpalis* (Rob. Desv.) vom Victoria-See.

Die große *Glossina fusca* kann man massenhaft in der Ebene am Fuße der Usambaraberge in den frühen Morgen- und späten Abendstunden bekommen, sie sitzen am Wege und lassen sich leicht fangen. Man erhält aber in der Regel nur Männchen, wenn man nicht einige Rinder, Maultiere u. dergl. mitnimmt, an denen man dann auch die Weibchen fangen kann. Unsere ausgesandten Fliegenfänger kamen nach zwei bis drei Tagen stets mit mehreren hundert Fliegen zurück. Die Weibchen sind aber auch an den Locktieren weit schwieriger zu bekommen als die Männchen. So brachten die Leute z. B. in acht Tagen aus dem Mkulumusital unterhalb Amani über 1200 Fliegen, unter denen sich nur 90 Weibchen befanden. Die Züchtung der Fliegen hat ergeben, daß etwa gleichviel Tiere beider Geschlechter zur Welt kommen[1]).

Es ist demnach wahrscheinlich, daß die mit der Larve beschwerten Weibchen weit vorsichtiger und weniger beweglich sind als die Männchen und sich deshalb seltener fangen lassen.

Die Fliegen sind über Mittag in der heißen Sonne träge. Am besten erhält man sie in den Stunden vor 8 Uhr morgens und nach 4 Uhr nachmittags. Sie kommen ausschließlich in Gegenden vor, wo sie Schatten von niedrigem Buschwerk finden. Den dunkeln Wald und die sonnverbrannte Steppe meiden sie, dagegen lieben sie die Nähe von feuchten Stellen. Das Verbreitungsgebiet der *Glossinen* ist meist sehr beschränkt, oft nur einige hundert Meter breit: eine Beobachtung, die überall auch in Südafrika gemacht ist, wo man die sogenannten „Fly-Belts" beschrieb. Am anspruchvollsten in dieser Beziehung ist *Glossina palpalis*, die nur unmittelbar an buschbestandenen See- und Flußufern lebt.

Am Fuße der Usambaraberge ist *Glossina fusca* im allgemeinen auf die Ebene beschränkt. Sie kommt in der Umgegend von Amani z. B. vor im Sigital bei Mkulumusi und bei Lungusa, im Luengeratal bei Niussi und bei Kerenge, bei Potwe südlich der Berge und an anderen Orten, überall in etwa 300 bis 500 m Meereshöhe. Vor Jahren fand ich sie bei Daressalaam auch dicht am Meere. Ein großer Teil des Landes zwischen der Tangaküste und den Usambarabergen scheint von dieser Art bewohnt zu sein. Da sie im Küstengebiet von Deutsch-Ostafrika die hauptsächlichste Überträgerin der Tsetsekrankheit ist, wird durch ihre Anwesenheit die Viehhaltung in den meisten Gegenden so lange ausgeschlossen sein, bis man entweder gelernt hat, die Fliege zu vertreiben, oder eine Präventivbehandlung der Krankheit gefunden hat. Diese Fliege spielt demnach für die Volkswirtschaft unserer Kolonie eine ganz eminente Rolle, zumal da ihre nächste Verwandte, die *Glossina palpalis* am Victoria Nyansa, die furchtbare Schlafkrankheit überträgt, und da es auch noch nicht festgestellt ist, ob diese Epidemie nicht auch durch *Glossina fusca* und die anderen Arten dieser Gattung übertragen werden kann.

Wenn nun auch die Plätze, an denen die *Glossinen* zu finden sind, im allgemeinen sehr scharf begrenzt sind, so kann man doch oft beobachten, daß einzelne Fliegen den Menschen oder Tieren streckenweit folgen. So kamen einige Exemplare von *Glossina palpalis* zeitweise in die etwa 200 m vom Seeufer gelegenen Häuser von Entebbe, besonders als man zu Sanierungszwecken den Busch am Ufer des Nyansa, in dem sie massenhaft lebten, niederschlug. Ebenso folgten z. B. oft einzelne *Glossina fusca* dem in die Berge von Ost-Usambara getriebenen Schlachtvieh und hielten sich dann längere Zeit in 800 bis 1000 m Meereshöhe in Regionen auf, in denen sie sonst nicht vorkommen. Besonders ist dies in der heißen Zeit der Fall. In den

---

[1]) Cuenot (Le Determinisme du sexe chez les Insectes et en particulier chez les mouches. Bibl. anat. Paris, 1887) beobachtete auch, daß aus 1200 gezüchteten Fliegenlarven fast gleichviele Männchen wie Weibchen herauskamen.

Monaten Dezember bis April kann man in Kwamkoro und sogar manchmal in Amani einige *Glossina fusca* finden; die höhere Temperatur dieser Zeit ermöglicht ihnen dort zwar ein zeitweises Leben, offenbar aber nicht die Vermehrung. An den etwas trockneren und wärmeren Berghängen findet man dagegen das ganze Jahr einige Fliegen, z. B. zwischen Lungusa und Nderema.

Beide Geschlechter übertragen die Tsetsekrankheit in gleicher Weise. Es ist demnach für die Gefahr der Infektion gleichgiltig, ob man irgendwo Männchen oder Weibchen beobachtet.

In der Umgegend von Amani haben wir die Fliegen von August 1905 bis Mai 1906 beobachtet, ohne irgend eine Abhängigkeit von der Jahreszeit zu bemerken. Ich muß demnach einstweilen annehmen, daß sie das ganze Jahr hindurch in gleicher Häufigkeit vorkommen, und glaube auch, daß sie das ganze Jahr hindurch sich in gleicher Weise vermehren.

Die gefangenen Fliegen wurden in Amani wochen- und monatelang in Gläsern gehalten und jeden vierten bis fünften Tag gefüttert. Es empfiehlt sich jedoch, möglichst wenig Fliegen in ein Glas zu setzen, sie wenn möglich zu isolieren. Besonders ist dies bei Weibchen nötig, die man lange Zeit halten will. Mehrere Fliegen in einem Glase zusammen gehalten, beschmutzen sich gegenseitig und sterben leicht infolge der Unreinlichkeit. Einzelne Weibchen haben wir auf obige Weise vier Monate und länger gehalten. Ist man gezwungen, der Experimente wegen große Massen von Fliegen zusammenzusperren, dann lege man das Glas, in dem sie sind, horizontal, damit die gleich nach dem Füttern massenhaft produzierten flüssigen Exkremente abfließen können; auch ist es gut, die Gläser innen mit weißem Fließpapier auszukleiden.

Um die Fliegen zu füttern, wird das mit Moskitogaze zugebundene weithalsige Glas, das die Tiere enthält, einem Rinde oder anderem Tier auf die Haut gesetzt, und die Fliegen stechen durch die Gaze hindurch. An sehr heißen, schwülen oder auch an abnorm kalten Tagen sind sie sehr wenig zum Saugen geneigt. Auch sonst warten sie meist eine Zeitlang, ehe sie sich zum Saugen entschließen, senken dann aber den Rüssel sehr schnell tief ein, die Palpen vorstreckend. In kurzer Zeit, gewöhnlich in 30 bis 40 Sekunden, sind sie so voll gesogen, daß der vorher flache Hinterleib kugelig anschwillt (Abb. 1).

Eigenartig ist, daß die Fliegen manchmal nach dem Saugen eine große Menge Luft in dem Hinterleibe haben, so daß sie ballonartig aufgetrieben sind, und es kam mehrfach vor, daß Fliegen an diesen „Blähungen" zugrunde gingen. Ich kann nicht glauben, daß es sich um Aufsaugung von Blutgasen handelt, nehme vielmehr an, daß ihr Rüssel in der Gefangenschaft verletzt war und nicht mehr ganz schloß, so daß Luft mit eingesogen wurde. Die später zu erwähnende Luftblase im „Saugmagen" hängt mit dieser Erscheinung nicht zusammen. Fliegen, die nicht alle vier bis sechs Tage saugen, gehen zugrunde.

Am Tage sitzen die Fliegen meist ruhig in den Gläsern, sie fangen dicht vor Sonnenuntergang an, lebendig zu werden und summen im beleuchteten Zimmer noch am späten Abend so stark, daß man es weithin hört. In völliger Dunkelheit sind die Tiere ruhig.

Glossina fusca scheint auch in hellen Nächten und abends lebhaft zu sein und zu saugen. Austen (4)[1] erwähnt das nächtliche Stechen von *Glossina fusca* am Kongo nach Dr. Christy. Hier in Amani haben wir die Tiere allerdings nur früh morgens und spät abends stechen sehen, nicht in der Nacht oder im Sonnenlicht. Sie brauchten immer Schatten, um stechlustig zu sein und bevorzugten dunkle Tiere vor den heller gefärbten. Ich habe es z. B. manchmal bemerkt, daß, wenn ein helles und ein dunkles Maultier nebeneinander gingen, nur das letztere heimgesucht wurde. Auch die *Glossina palpalis* war in dieser Beziehung sehr wählerisch. Personen mit weißen Anzügen wurden fast ganz verschont, hing man ihnen aber ein dunkles Tuch um die Schultern, so konnte man auf diesem die Fliegen leicht fangen. Läßt man eine *Glossina* am eigenen Arme stechen, so kann man ihr Gebahren genau beobachten. Sie wechselt verschiedentlich den Platz, ehe sie den richtigen gefunden. Dann richtet sie den Rüssel nach unten, und die Palpen werden etwas höher als gewöhnlich gehoben, so daß sie mit der Körperachse einen ganz flachen Winkel bilden. Beim Einstechen selbst geht der Kopf etwas nach unten, der Leib etwas in die Höhe, der Rüssel wird fast bis zum Bulbus eingesenkt und während des Saugens häufig sägend auf- und abbewegt. Die nachstehende Skizze (Abb. 2) veranschaulicht die Stellung der Fliege beim Stechen, wobei sie sich auf die Vorderbeine stützt.

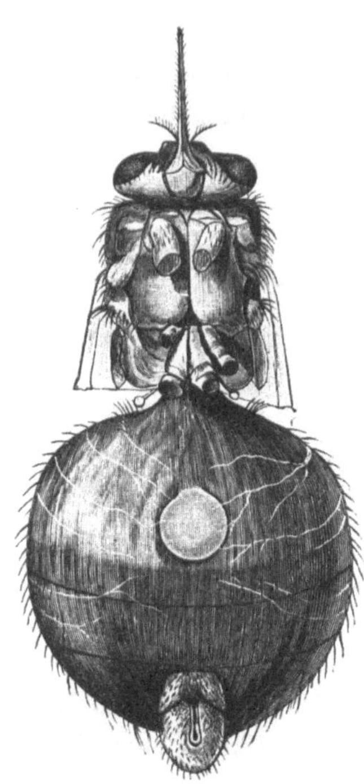

Abb. 1. Vollgesogene Fliege von unten gesehen, Flügel abgeschnitten.

Der Einstich schmerzt wie der Stich einer sehr feinen Nadel. Man merkt eine Art Ziehen an der Stelle, und es bleibt ein winziges rotes Pünktchen zurück, das folgenden Tags ganz wenig juckt und anschwillt. In $^1/_2$ bis $^3/_4$ Minute ist das Saugen vorbei, dauert bei Tieren mit dicker Haut allerdings oft etwas länger. Es gelingt nicht, den Rüssel einer Fliege künstlich in die Haut zu bohren, es gehört dazu eben die eigene Muskelkraft der Tsetse. Viele hunderte von Fliegen wurden so für die Untersuchungszwecke von Prof. R. Koch gehalten, zahlreiche Weibchen auf ihre Larvenablage beobachtet und mehrere hundert junger Fliegen aus den abgelegten Puppen gezüchtet.

Abb. 2. Halbschematische Darstellung der *Glossina* während des Saugens.

---

[1] Die eingeklammerten Zahlen beziehen sich auf die Nummern des Literaturverzeichnisses am Schlusse. Mit „Abbildung" sind die Textabbildungen, mit „Figur" die Figuren auf den Tafeln gemeint.

Für die Zwecke der anatomischen Untersuchung wurden die Fliegen teils in 0,75 %iger Kochsalzlösung oder in Blutserum frisch untersucht, ferner in heißem Wasser oder heißem schwachen Alkohol abgetötet und dann zergliedert, besonders aber nach Härtung und Paraffineinbettung in Schnittserien zerlegt und nach Färbung untersucht. Am besten bewährte sich die Abtötung in heißem schwachen Alkohol, Härtung in absolutem Alkohol und Färbung mit Paul Mayers Glychhämalaun mit nachfolgender leichter Eosinfärbung. Die sehr schöne auch für Schnittserien brauchbare Giemsafärbung mit Azur-Eosin wurde ebenfalls viel benutzt, doch ist die Farbe sehr vergänglich und hält sich höchstens kurze Zeit bei Einschluß in Cedernöl, während sie in Canadabalsam in wenigen Stunden verblaßt.

I. Geschichtliches.

Die äußere Körpergestalt der Fliege setze ich als bekannt voraus. Sie ist bei Austen (4) und bei Sander (83) ausführlich dargestellt. Auch habe ich (89, 90) früher einiges darüber gegeben. Die Literatur über die Tsetsefliege hat Austen (4) in der ausführlichsten Weise bearbeitet, so daß ich nur auf seine Monographie zu verweisen brauche. In Austens Monographie hat H. J. Hansen (38) eine anatomische Beschreibung des Rüssels der Tsetse geliefert. Vor einiger Zeit hat Marinestabsarzt Dr. Sander (83) in dem Archiv für Schiffs- und Tropenhygiene eine Zusammenstellung über die Anatomie und Lebensgeschichte der Tsetsefliege gegeben. Seine anatomischen Untersuchungen aber konnten wie die von Hansen nur an altem Spiritusmaterial vorgenommen werden, und manche Verhältnisse wurden aus Analogie mit anderen Fliegenarten geschildert.

Eine ausführliche Darstellung der Anatomie von *Glossina palpalis* veröffentlichte E. A. Minchin (66), Mitglied der britischen Schlafkrankheitsexpedition. Ohne Kenntnis dieser Arbeit zu haben, gab ich (91) Ende 1905 eine vorläufige Mitteilung über meine eigenen Untersuchungen. Da Minchin sich besonders mit der gröberen Anatomie beschäftigte, ich aber fast nur mit der Histologie, so glaube ich, daß eine etwas eingehendere, von Figuren begleitete Darstellung meiner Resultate durch Minchins Arbeit nicht überflüssig geworden ist und denjenigen von Nutzen sein kann, die sich in Zukunft mit der Tsetsekrankheit und Schlafkrankheit beschäftigen.

Da sich herausstellte, daß die *Trypanosoma*-Parasiten sich ausschließlich im Darm der Fliege entwickeln, habe ich mich in erster Linie mit dem Verdauungskanal beschäftigt und andere Organe nur nebenbei behandelt.

II. Der Rüssel.

Eine kurze Beschreibung gab ich (89) von dem Rüssel im Jahre 1902. H. J. Hansen (38) beschrieb in Austens Monographie die Mundwerkzeuge recht eingehend, und Sander (83) referierte darüber. Meine eigenen Befunde über den Rüssel veröffentlichte ich in einer vorläufigen Mitteilung (91) Ende 1905. Alle Arbeiten über Mundwerkzeuge der Fliegen müssen sich aber an Kraepelins meisterhafte Schilderung des Rüssels von *Musca* (49) und an B. Th. Lownes Monographie der „Blow-Fly" (58) anschließen.

Der Rüssel der ruhenden *Glossina* ist stets horizontal nach vorne gerichtet, oben und seitlich durch die beiden Palpen bedeckt. Abbildung 1 zeigt diese Lage bei der ruhenden vollgesogenen Fliege von unten gesehen. Der zwiebelförmig angeschwollene Basalteil des Rüssels ist zum großen Teil in einen Ausschnitt der Kopfunterseite versenkt. Abb. 3 zeigt den Kopf von *Gl. fusca* von der Seite mit ruhendem Rüssel bei etwa zehnfacher Vergrößerung, Abb. 4 dasselbe von vorn. Der Rüssel ist in beiden Fällen halb abgeschnitten.

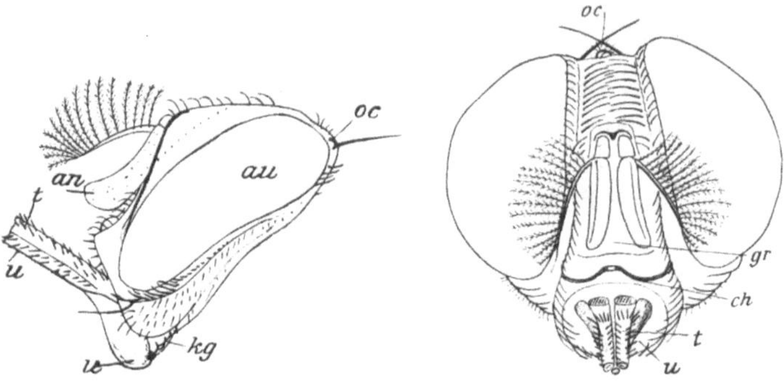

Abb. 3 und Abb. 4.
Kopf der *Gl. fusca* mit ruhendem Rüssel. Vergrößerung 10.
Abb. 3 von der Seite, Abb. 4 von vorn. *an* Fühler, *au* Auge, *t* Taster, *u* Unterlippe, *kg* Kopfkegel, *oc* Ocellen, *gr* Grube, in der die dritten Fühlerglieder liegen, *ch* Chitinisierte Stelle, an der innen das Fulcrum befestigt ist.

Der Rüsselbulbus ist nach hinten durch eine schmale elastische Chitinhaut (*kg*) mit dem Kopfe verbunden. Es ist dies ein Stück des sogenannten Kopfkegels, den wir unten kennen lernen werden.

An der Vorderseite des Kopfes zwischen den Augen und unterhalb der Ansatzstelle vom ersten Fühlerglied sehen wir eine längliche breite Grube (Abb. 4 *gr*), in welcher das dritte Fühlerglied lagert. Ihr Boden ist weich, die Seitenränder bestehen aus harten mit Borsten bestandenen Chitinleisten, die innen im Kopf mehreren Muskeln als Ansatzpunkt dienen. Die Abb. 5 zeigt diese Grube nach Entfernung der Fühler und bei gesenktem Rüssel von vorne. Die Verbindungshaut zwischen Rüssel und Kopf, der Kopfkegel (*kg*), ist mäßig ausgedehnt, in ihn sind dorsal zwei Chitin-Sklerite (*ch*) eingelagert, die Aufhängungsstelle des später zu besprechenden Fulcrums.

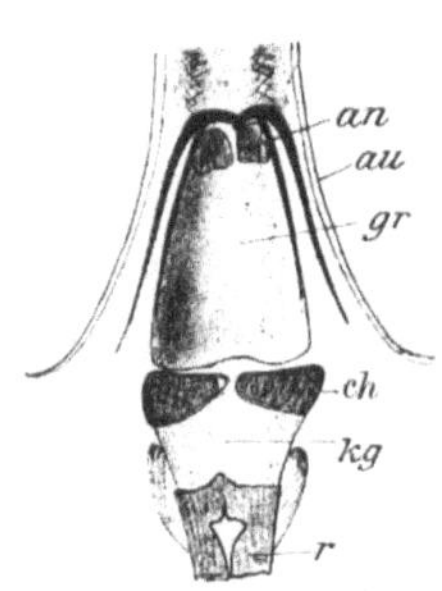

Abb. 5. Fühlergrube von *Gl. fusca*, nach Entfernung der Fühler von vorne gesehen. Vergr. 10. Der Rüssel (*r*) ist gesenkt, der Kopfkegel (*kg*) expandiert, so daß der Ansatzpunkt (*ch*) für das Fulcrum sichtbar wird. *an* die abgeschnittenen Fühler, *au* der Rand des Auges, *gr* die Fühlergrube.

Der Rüssel (Fig. 1 Taf. I *r*) ist bei *Gl. fusca* 3,8 mm lang, 0,12 mm dick und leicht nach der ventralen Seite gebogen; sein am Kopfe sitzender (proximaler) Teil (*u*) ist zwiebelartig dick angeschwollen. Dicht vor dem Rüsselende ist schon mit schwacher Vergrößerung an seiner Unterseite ein dunkelschwarzer Fleck (*sf*), dicht vor diesem Flecke, d. h. 0,3 mm von der Spitze aus, eine durchsichtige Stelle bemerkbar. Bei stärkerer Vergrößerung zeigt sich, daß von dieser Stelle ab der Rüssel seitlich scheinbar von einem durchsichtigen, mit vielen Chitinwärzchen reibenartig besetzten, schleierartigen Gebilde umgeben ist und jenseits des schwarzen Fleckes, durch einen medianen Einschnitt getrennt, in zwei Lippen (*l*) ausläuft, die innen mit je drei Reibplatten belegt sind. Vor (proximal) dem durchsichtigen Fleck bemerkt man an der Unterseite eine flügelartige Chitinspange oder Gabel, die den Rüssel etwa halb an der ventralen Seite umfaßt. Hansen teilt darnach den Rüssel in drei Teile, einen langen proximalen, einen kurzen, vom durchsichtigen Fleck bis zu den Reibplatten, und drittens diese mit den Lippen. Ich glaube, daß wir nur zwei Teile annehmen können, die lange, unten zwiebelförmig angeschwollene Röhre, und die dem Tupfpolster des Fliegenrüssels entsprechenden Endlippen (*Labella*) mit dem dazu gehörigen Gelenkapparat. Fig. 2 Taf. I zeigt die Chitinteile des Rüssels von unten gesehen.

Leicht gelingt es, den Rüssel in seine Hauptbestandteile zu teilen: 1. in die Unterlippe (*Labium*) (Fig. 1, Taf. I *u*), eine doppelwandige Chitinrinne, an der die Lippen (*Labella*) (*l*) hängen, 2. in die Oberlippe (*Labrum*) (*o*), die ebenfalls halbrinnenförmig ist, in der Furche der Unterlippe liegt und daher mit dieser zusammen eine Röhre bildet, und 3. den *Hypopharynx* (*h*). Letzterer, eine ganz feine, weiche Chitinröhre, die vom dorsalen Teil des Unterlippenbulbus entspringt, reicht ungefähr bis zur Basis der Labellen, während die Oberlippe etwas kürzer ist. Ober- und Unterlippe zeigen beide feine, häutige Seitenränder, die nach innen gebogen und durch schräg gestellte, feine, netzartig verzweigte Chitinverstärkungen noch besonders elastisch gemacht sind, so daß sie zusammen eine gutschließende Röhre bilden.

Diese Teile entsprechen vollkommen denselben bei der Stubenfliege, nur daß bei dieser die Unterlippe ein großes bewegliches Labellenpaar trägt, das bei *Glossina* ganz rudimentär und fast starr ist. Bisweilen gelingt es allerdings durch Druck auf die basale Anschwellung der Unterlippe die Labellen ein wenig zum Klaffen zu bringen.

Wie erwähnt, ist der Rüssel der *Glossina* zusammen mit den als Maxillar-Tastern aufzufassenden Palpen in der Ruhe nach vorne gerichtet, beim Stich aber steht der Rüssel senkrecht zur Sitzfläche der Fliege, und die Palpen heben sich etwas (Abb. 2). Kurz vor dem Einstich wird der Rüssel ein klein wenig vom Kopfe entfernt, so daß er mit ihm durch eine häutige Membrane verbunden erscheint, die aber recht kurz ist und nur auf Augenblicke zum Vorschein kommt, wahrscheinlich durch inneren Blut- und Tracheendruck herausgetrieben. Ich vermute, daß durch diesen Druck auch die Schwellung des Rüssels hervorgerufen wird, die ihn zum Einstich geeignet macht, denn während er in der Wunde steckt, ist diese häutige Verbindung wieder eingezogen, und der Rüsselbulbus liegt dicht dem Kopfe an. Demnach ist die häutige Verbindung des Rüssels mit dem Kopfe, der Kopfkegel Kraepelins (*kg* in Abb. 5), nur ganz gering ausgebildet.

Bei eben aus der Puppe geschlüpften Fliegen, deren Kopfblase noch nicht verhärtet ist, und wo die Stirn zwischen dem Rüssel, den Fühlern und den Augen (das Epistomum) (*gr* der Abb. 4 u. 5) noch ganz weich ist, kann man den Kopfkegel auch in der Ruhe beobachten. Bei solch ganz jungen Tieren sind Rüssel und Palpen nach hinten, parallel zum Körper gerichtet, dieselbe Lage, die diese Organe in der Puppe haben (Abb. 6). Durch eben diese Lage wird der Kopfkegel zwischen Rüssel und Kopf an der Oberseite gedehnt und sichtbar (Abb. 5). Bei erwachsenen Tieren sieht man diese Verbindungshaut außer kurz vor dem Einstechen nur, wenn man bei chloroformierten Tieren einen starken Druck auf die Brust ausübt, der die Körperflüssigkeit in den Kopf treibt und so den Kopfkegel künstlich herausdrückt, so daß der Rüssel an dessen Spitze, die Palpen in seiner Mitte sitzen. Abb. 7 u. 8 zeigen diesen Zustand von der Seite und von oben. Bei dieser abnormen Dehnung erscheint fast das ganze Fulcrum (*f*) außerhalb des Kopfes in dem Kopfkegel.

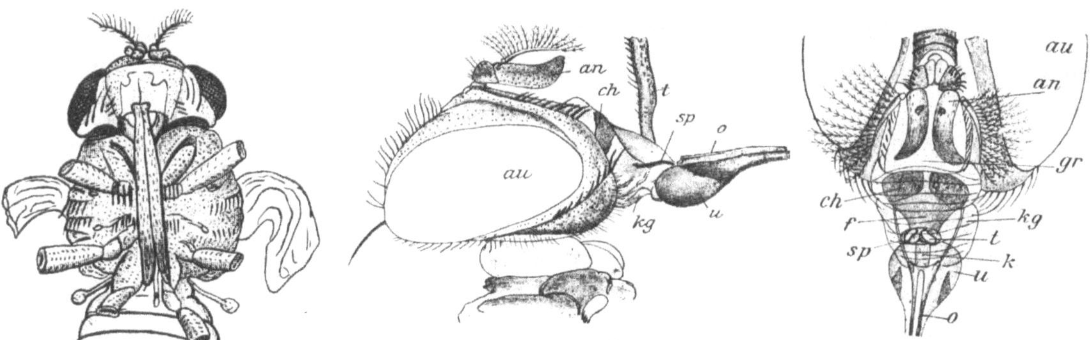

Abb. 6. Kopf und Brust einer eben ausgeschlüpften noch weichen *Glossina*.

Abb. 7 u. 8. Kopf von *Glossina fusca* von der Seite und von oben mit künstlich expandiertem Kopfkegel (*kg*), durch den Fulcrum, Zwischenstück (*k*) und Spangen (*sp*) durchscheinen. Sonstige Buchstabenbezeichnungen wie bei Abb. 3—5. Vergr. 12.

Infolge des im Verhältnis zur Stubenfliege gering entwickelten Kopfkegels der *Glossina*, die ja den Rüssel nicht wie *Musca* in den Kopf hinein ziehen kann, sind manche der komplizierten Mechanismen des Stubenfliegenrüssels bei *Glossina* stark vereinfacht.

Die ganze Zusammensetzung des Rüssels können wir am besten aus einer Reihe von Querschnitten entnehmen, die in den Figuren 4—12 auf Tafel I dargestellt sind. Dabei ist das verhornte, harte Chitin braun, das weiche sowie die Muskelsehnen blau getont. Die Lage der Schnitte ergibt sich aus den der Fig. 3 beigeschriebenen Zahlen 4—12. Fig. 13 stellt einen Schnitt durch die Mitte des dünnen Teils vom Rüssel dar, Fig. 14 einen solchen durch den unteren Teil des Bulbus.

Die **Oberlippe** (*o*) ist von Hansen (38) ziemlich genau beschrieben. Sie ist 3,5 mm lang, unten 0,26, an der Spitze 0,1 mm breit. Auf Querschnitten (Fig. 12 bis 14) sieht man, daß ihre elastischen Ränder doppelt sind, einen spaltförmigen Raum zwischen sich lassend, während die verhornte Dorsalwand nur schwer ihre Verwachsung aus zwei Chitinlamellen erkennen läßt. Diese Zusammensetzung aus zwei Lamellen hat einige Autoren zur Vermutung geführt, daß die Oberlippe aus zwei Organen gebildet sei, während sie doch wie alle Körperanhänge der Insekten ein hohles Chitinrohr bildet, dessen zwei Wände hier zufällig teilweise verschmolzen sind; es sind die obere Lamelle (*oo*) und die untere Lamelle (*uo*) Kraepelins, aus denen das Halbrohr der Oberlippe gebildet wird. An den Rändern der Oberlippenbasis (Fig. 15) sieht man eine Reihe von feinen Poren, die, wie auch Hansen meint, wohl Sinnesorgane aufnehmen. An der Basis sind zwei Artikulationsflächen, an die sich die später zu erwähnenden „Chitinspangen" ansetzen. Das Ende der Oberlippe ist dünn, zeigt aber bis zuletzt die Verdoppelung. An ihrer Basis ist die Oberlippe mit der inneren (oberen) Lamelle (*op*) des Unterlippenbulbus, etwas distal vom Ansatz des Hypopharynx verschmolzen (Fig. 16). Der Hohlraum in der Oberlippe ist auch hier an ihrer Basis noch erkennbar.

Weit komplizierter ist die **Unterlippe** gebaut, das größte Organ des Rüssels. Sie ist bei *Gl. fusca* mit der zwiebelförmigen Anschwellung an ihrer Basis 3,8 mm lang. In ihrem dünnen Teil besteht sie, wie die Querschnitte auf den Fig. 9—13 zeigen, aus einer doppelwandigen Chitinrinne, deren freie Ränder federnd elastisch sind und der Außenseite des Oberlippen-Halbrohres dicht anliegen. Ihre obere (innere) ziemlich starke Chitinlamelle (Fig. 9—13, *op*) hat in ihrer ganzen Länge eine breite, ziemlich tief eingeschnittene Längsfalte, in welcher der Hypopharynx (*h*) liegt, ein dünnwandiges, fast drehrundes Chitinrohr, an das seitlich zwei Flügelleisten angesetzt sind, die ein enges Anliegen des Hypopharynx an jene Längsfalte gewährleisten. Die obere (*op*) und die untere (*up*) Lamelle der Unterlippe sind durch eine elastische Haut (*vh*) verbunden. Im Hohlraum der Unterlippe sieht man ein paar stärkere und ein paar schwächere Muskelsehnen, letztere (*smo*) dicht an jener Furche liegend, erstere (*smu*) mitten im Hohlraum (Fig. 10—13). Auf ihre Funktion kommen wir unten zurück. Radial gestellte Muskeln, die nach Kraepelin im Innern der Unterlippe von *Musca* als Kontraktoren ihres Lumens vorkommen, und die sich auch bei *Stomoxys* finden, sind bei *Glossina* nicht zu entdecken.

Der Nahrungskanal (*nk*), der nach Kraepelin bei *Musca* durch die Innenwand der Oberlippe und den Hypopharynx begrenzt ist, wird bei *Glossina* demnach durch die innere (untere) Lamelle (*uo*) der Oberlippe und die obere (innere) Lamelle (*op*) der Unterlippe gebildet, während die Wand des Hypopharynx-Rohres nur sehr wenig an seiner Begrenzung beteiligt ist (Fig. 12—16). Bei *Stomoxys* liegen diese Verhältnisse zwischen beiden Formen, jedoch mehr nach denen von *Musca* hinneigend. (Siehe Abb. 12—15.)

Zum Vergleich gebe ich nachstehend einige Abbildungen des Rüssels von *Stomoxys*, der ebenfalls von Hansen eingehend behandelt wurde. Abb. 9 stellt die gesamten äußeren und inneren chitinisierten Mundwerkzeuge bei ca. 20facher Vergrößerung dar. Wir sehen, daß der Rüssel verhältnismäßig dicker als bei *Glossina* ist, sein Bulbus weniger stark ausgeprägt. Abb. 10 zeigt einen Rüsselquerschnitt durch die Labellen, Abb. 11 einen solchen etwas unterhalb der Oberlippenspitze und Abb. 12 durch das obere Drittel des Rüssels. Die Buchstaben entsprechen denen der Tafelfiguren. Wir sehen, daß im Lumen der Unterlippe feine Transversalmuskeln vorhanden sind, die den Hohlraum verengern können, wobei die elastische Verbindungsmembran (*vh*) zwischen der oberen (*op*) und unteren (*up*) Lamelle der Unterlippe gefaltet werden muß. Offenbar sind die Quermuskelfasern von dem — mit *mo* (Abb. 14) bezeichneten — Bulbusmuskel abgezweigt. Auch in der Oberlippe sind solche feine transversal gestellte Muskelfasern (*my*) nachweisbar, die man am besten im Bulbusteil der Oberlippe (Abb. 13—15) bemerken kann, die aber auch weiter oben (Abb. 12) nachweisbar sind.

Kehren wir nach dieser Abschweifung wieder zur Betrachtung der Unterlippe von *Glossina* zurück und untersuchen zunächst deren Bulbus, wobei wir außer den Querschnitten (Fig. 12, 13, 14, 16) die halbschematische Zeichnung der Mundwerkzeuge in Abb. 17 zur Hilfe nehmen.

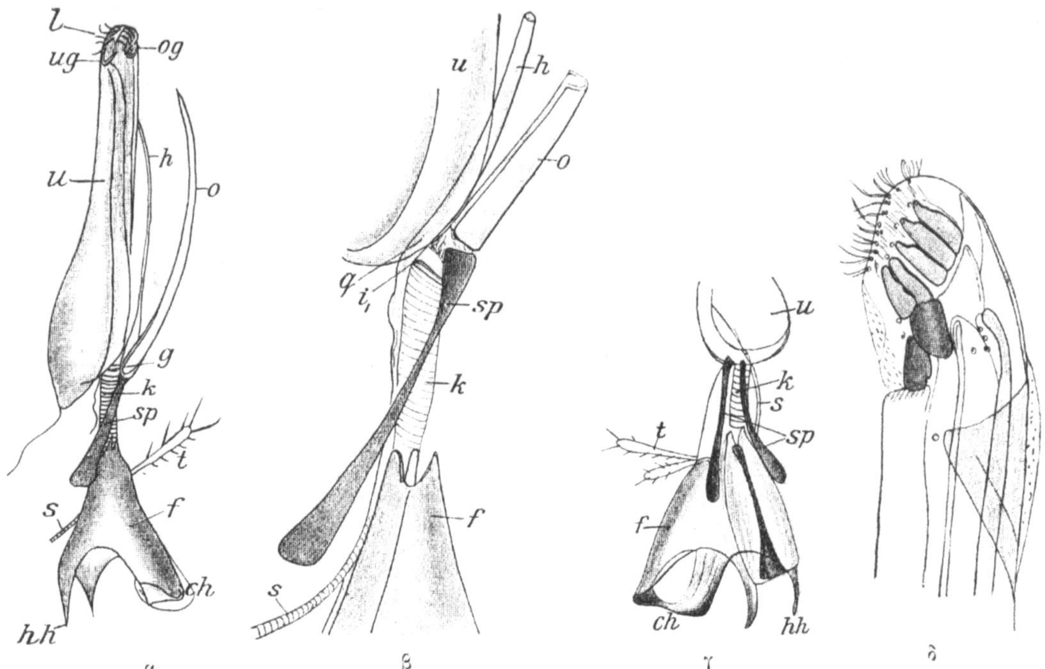

Abb. 9. Chitinöse Mundwerkzeuge von *Stomoxys sp.* von *Amani.*

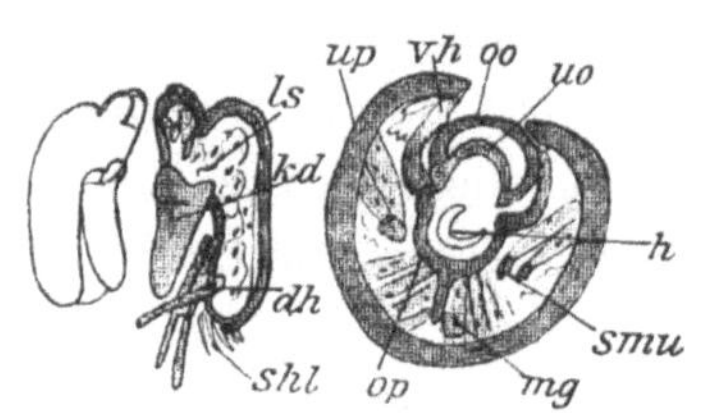

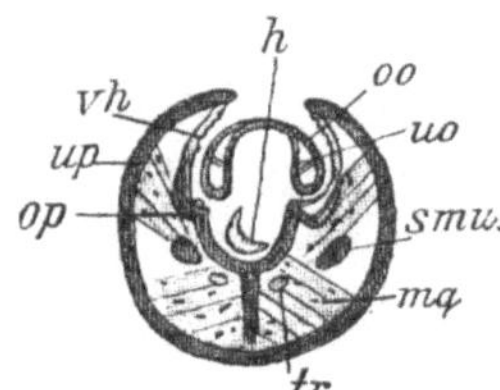

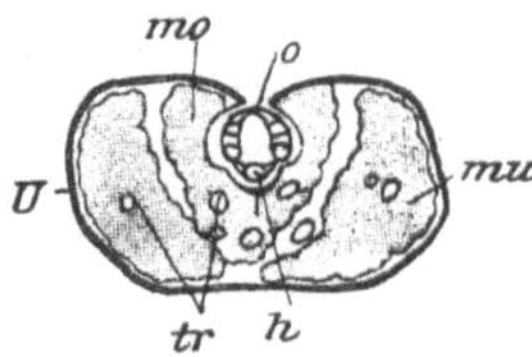

Abb. 10. Querschnitt durch die Labellen. Vergr. 130.	Abb. 11. Querschnitt durch den oberen Teil des Rüssels, am distalen Ende d. Oberlippe. Vergr. 130.	Abb. 12. Querschnitt durch das obere Drittel des Rüssels. Vergr. 130.	Abb. 13. Querschnitt durch den Rüsselbulbus. Vergr. 50.

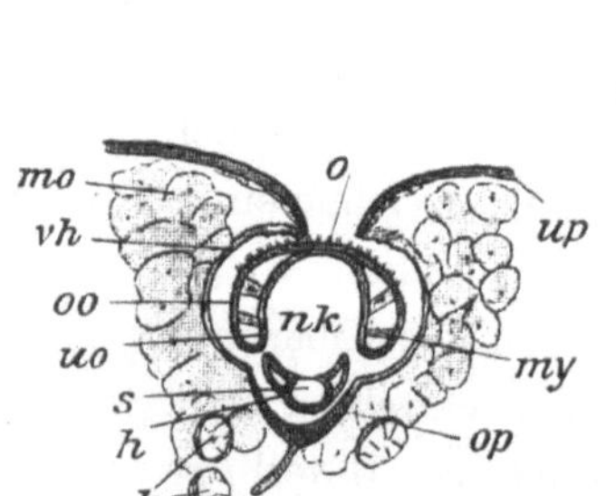

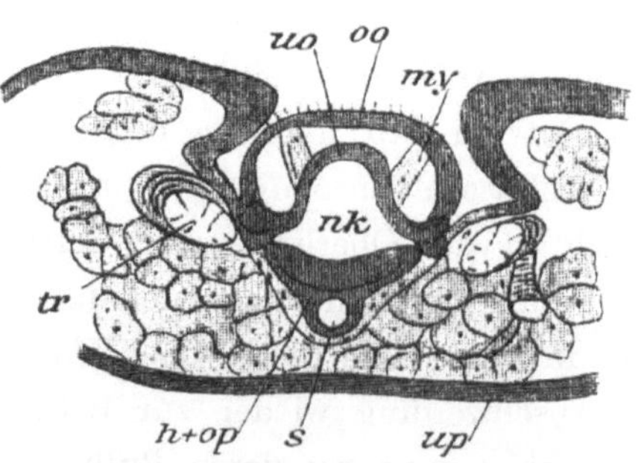

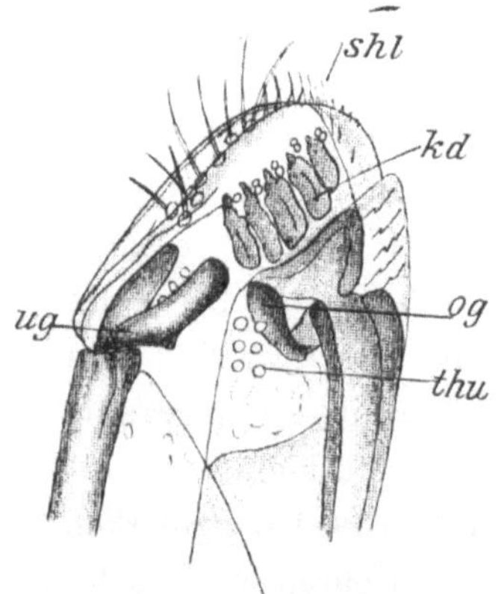

Abb. 14. Querschnitt durch die Mitte des Bulbus. Vergr. 130.	Abb. 15. Querschnitt durch die Basis des Bulbus. Vergr. 130.	Abb. 16. Spitze des Rüssels.

Die Buchstabenbezeichnungen entsprechen denen der Tafelfiguren.

Die innere Chitinlamelle (*op*) der Unterlippe (*u*) setzt sich fort bis zum Kopfe, wird dort schmal und stark, und verschmilzt mit dem Hypopharynx (Fig. 16 *h*), der sich noch als starkwandiger Chitinkanal innerhalb der inneren Chitinlamelle der Unterlippe bis zu deren Basis fortsetzt (Textabbildung 17 *q*, Fig. 17, von *h* bis *dk*). Bis zur Verwachsungsstelle mit der Basis der Oberlippe (Fig. 16) ist die obere Lamelle (*op*) der Unterlippe mit der unteren (*up*) durch eine elastische Membran verbunden (*vh*), ebenso wie fast durchweg am schmalen Teile der Unterlippe. Diese Membran gestattet eine — wohl durch veränderten Blut- und Tracheendruck verursachte — Erweiterung und Verengerung des Hohlraumes in der Unterlippe und in deren Bulbus. Die äußere Lamelle (*up*) des Unterlippenbulbus ist verhältnismäßig dünn. In der Fig. 14 ist sie etwas tangential getroffen, so daß man ihre Matrixschicht deutlich sehen kann. Man bemerkt, daß der größte Teil vom Umfang des Bulbus aus der äußeren Unterlippenlamelle gebildet ist. Im Hohlraum liegen zwei große Muskelpaare, ein seitliches, kräftigeres Paar (*mu*), das einen kurzen dicken Muskelbauch hat und in die oben erwähnte lange starke Sehne (*smu*) ausläuft, welche sich an die später zu erwähnende „Untere Chitingabel" der Labellen ansetzt. Ihr Muskelbauch setzt sich andererseits an den basalen Teil der äußeren Bulbuswand an. Das schwächere, innere, und median fast zusammengewachsene Muskelpaar (*mo*) liegt zu beiden Seiten einer Chitinleiste, die von der inneren Bulbuswand in das Lumen des Bulbus hineinragt (Fig. 14, 16 *c*). Dieses Muskelpaar setzt sich offenbar an der äußeren Basis der unteren Bulbuswand an (Abb. 17 *mo*) und läuft distal in zwei lange Sehnen aus (*smo*), die, soweit ich feststellen konnte, sich an die Innenlamelle (*op*) der Unterlippe, dicht unterhalb der „Gabel" ansetzen. Dieses Muskelpaar scheint somit die innere und äußere Lamelle der Unterlippe in der Längsrichtung gegeneinander bewegen zu können, was durch die elastische Verbindungshaut (*vh*) ermöglicht ist.

Zwischen den Muskeln und ventral von ihnen liegen große Tracheensäcke (Fig. 14, *Tr. D. B.*), die sich verzweigen, ihre Ausläufer auch zwischen die Muskeln und wahrscheinlich sogar in den schmalen Teil des Rüssels senken, und die mit den großen Tracheensäcken des Kopfes zusammenhängen. Der Unterlippenbulbus hat an der Außenseite seines Hinterrandes eine mediale und zwei laterale Einkerbungen (Fig. 1, 2), an die Muskeln sich ansetzen, sowie seitlich an seiner Basis je eine Gelenkpfanne, die einen der Artikulationspunkte des Rüssels mit dem Kopfskelett bilden. Die Chitinbekleidung des Bulbus setzt sich in die weiche Chitinhaut des Kopfkegels fort (*kg* in Abb. 17 und in Fig. 17).

Der 0,12—0,15 mm breite **Hypopharynx**, den wir in seinem distalen Teil oben schon kennen lernten, kommt wie erwähnt im proximalen Drittel der Unterlippen-Anschwellung aus deren dorsaler Chitinwand heraus und wird innerhalb des Bulbus fortgesetzt durch eine Chitinröhre (Abb. 17, Fig. 16—17), die weiterhin durch ein Chitinband mit der ventralen Wand des Bulbus verbunden ist (Fig. 17 *a*).

Der Hypopharynx ist bekanntlich der Ausführungsgang der Brustspeicheldrüsen, deren Sekret demnach durch ihn bis fast an die Spitze des Rüssels, dicht unterhalb der Labellen gebracht wird. Ein klein wenig proximal von der Verschmelzungsstelle des Hypopharynx mit der Unterlippe vereinigt sich auch, wie wir sahen, diese mit der Oberlippe (Fig. 16). Es ist diese Stelle, wo die äußeren Mundwerkzeuge dem Kopfe angefügt sind, als die eigentliche **Mundöffnung** der Fliege zu betrachten (Abb. 17 *m*).

Sehr kompliziert sind die Spitze der Unterlippe und die **Labellen**, deren Aufbau aus den Fig. 3, 18—21, und aus den Querschnitten Fig. 4—10 zu ersehen ist. Ich

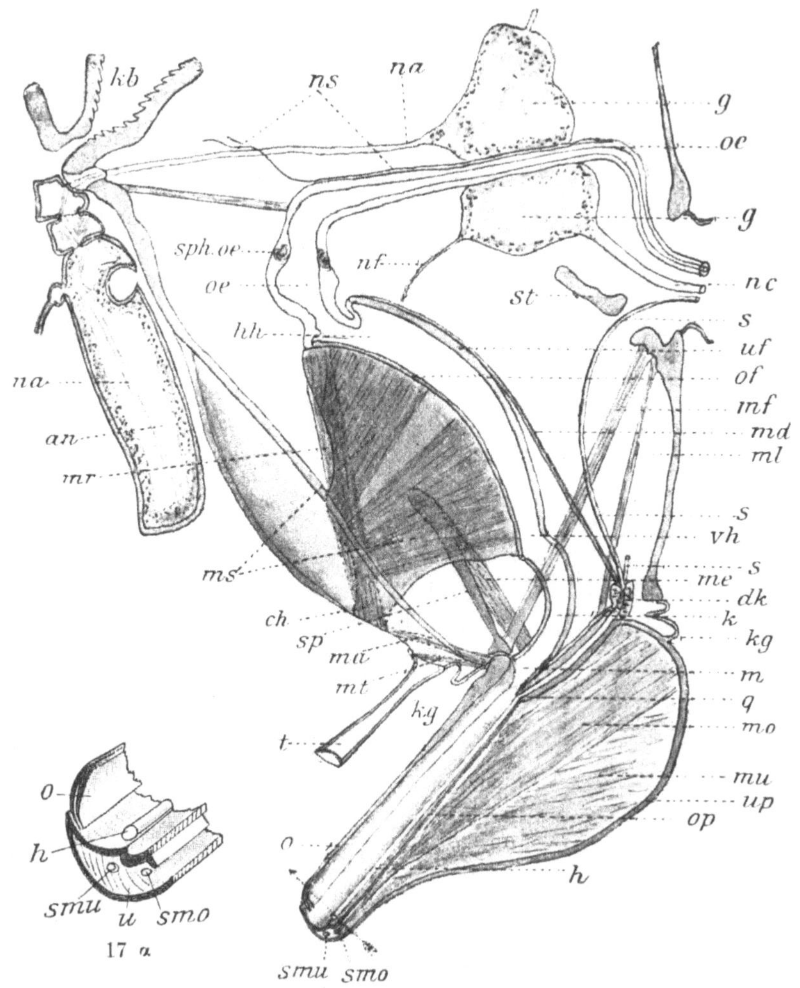

Abb. 17. Halbschematische Darstellung der äußeren und inneren Mundwerkzeuge, sowie einiger Organe des Kopfes von *Gl. fusca*, Vergr. ca. 50. Die Buchstaben bezeichnungen entsprechen jenen der Tafel I.

erwähnte oben, daß proximal vom schwarzen Fleck (*sf*) ventral eine seitlich verbreiterte, in der Mitte schmälere Chitingabel (*ug*) zu sehen ist, die durch ein ventrales Chitinband mit dem proximalen Teil der Unterlippe elastisch verbunden ist, während ihre Umgebung aus weichem, dehnbarem Chitin (*e*) besteht, das stellenweise (z. B. in Fig. 9) zu einem dicken Polster wird. Offenbar entspricht diese Chitinspange der „unteren Chitingabel", die Kraepelin bei *Musca* beschreibt. Sie ist elastisch mit der unteren Lamelle der Unterlippe verbunden. Auch bei *Stomoxys* ist diese Gabel vorhanden (Abb. 16 *ug*), ebenso hier auch die „obere Chitingabel" Kraepelins (*og*), die bei *Glossina* zu fehlen scheint. Möglich ist, daß bei dieser beide Gabeln verwachsen sind, und daß der dorsale Flügel der dort vorhandenen Gabel der „oberen Gabel" des Rüssels von *Musca* entspricht. An der Außenfläche sind die Labellen glatt, nur mit einigen Sinneshaaren (*thu*) besetzt. Dicht distal an der Gabel sitzt außerdem noch ein aus drei eng aneinander liegenden Poren bestehendes Sinnesorgan unbekannter Funktion (*so*). Es ist auf Fig. 22 vergrößert dargestellt. An der ventralen Seite sind die beiden Labellen starr miteinander verbunden, am schwarzen Fleck sogar durch besonders starkes Chitin, nur an der äußeren Spitze ist eine leichte Einkerbung zu bemerken. Nirgends ist eine Gelenkverbindung der Labellen wie bei *Musca* vorhanden, die sich auch bei *Stomoxys* findet. Dorsal — entsprechend der Konstruktion der Unterlippe als Halbrinne — sind die Labellenränder frei, aber verdoppelt. Der innere chitinöse Teil schlägt sich nach innen über den der anderen Seite (Fig. 6—11) und schließt auf diese Weise das Nahrungsrohr, die äußere Verdoppelung aber ragt nach außen, ist elastisch und mit diagonal gestellten Reihen feiner Chitinwarzen versehen (Fig. 5—8 *wr*). Es ist die Membran, welche — wie auf Fig. 3, 18, 19 *wr* ersichtlich — die Rüsselspitze schleierartig von der Chitingabel an zu umgeben scheint. Das äußerste Ende der Labellen sieht verschieden aus, je nach dem Aktionszustand derselben. In der Ruhe ist es abgerundet, nur einige Sinnesborsten sehen aus ihrem Spalt heraus (Fig. 21), in der Tätigkeit aber erscheinen dort an jeder Seite drei Reibplatten (*rp* auf Fig. 3, 18—21), die wie Rolljalousien über den freien Rand der Labellen hinausgeschoben werden können. Diese Reibplatten sind je 0,04—0,045 mm breit und 0,032 mm lang. Durch elastische Membranen verbunden, sind sie gegeneinander und gegen die innere Lamelle der Unterlippe beweglich (Fig. 4—6, 21). Sie haben je 15—18 Querreihen von feinsten Chitinzähnen, die sägezahnartig gestellt, je 1/1200 mm breit und 1/250 mm lang sind. Ihre scharfen Zähne sind gegen die Spitze des Rüssels gerichtet (Fig. 20, 21, 23). Die äußersten Eckzähne jeder Platte sind etwas vergrößert, und vor diesen steht an jeder Ecke der Platten je ein mächtiger Chitinzahn (0,012 mm breit, 0,15 mm lang), also im ganzen sechs (*kd*). Hansen gibt deren nur vier an. Außerdem trägt jede der beiden Lamellen noch vier 0,03 mm lange starke Chitinröhren (*dh*), die tief aus den Labellen herauskommen und in der Tiefe auf ein Chitinrohr aufsetzen (Fig. 3—5, 20, 21). Es ist noch unbestimmt, ob es sich um Sinnesorgane oder um Ausführungsgänge von Drüsen handelt. Wo die unterhalb der Labellen liegenden zuerst von Leydig bei *Musca* beobachtete Rüsselspeicheldrüse (*ls*, Fig. 4—8, 21) ausmündet, habe ich nicht feststellen können. Sie besteht aus Drüsenzellen, die unregelmäßig im Hohlraum der Labellen zerstreut liegen; wenigstens habe ich bei der Kleinheit und Schwierigkeit des Objekts weder eine regelmäßige Anordnung dieser Zellen, noch auch das Vorhandensein nervöser Elemente, die sicher nicht fehlen werden, feststellen können. Es gelingt eben nur recht selten, das harte Rüsselende in Querschnitte, die sich gut färben, zu zerlegen. Kraepelin nimmt bei *Musca* einen gemeinsamen medianen Ausführungsgang der labialen Rüsselspeicheldrüsen im Grunde der Labellen an, während Lowne zahlreiche Mündungen auf den Poren zwischen den „Pseudotracheen" beschreibt. Mir will scheinen, als ob jene halbrinnenartig geformten vier großen Borsten (*dh*) der Labellen die Ausführungsgänge jener Drüsenzellen bilden.

Distal von den großen Kratzzähnen und von den Reibplatten stehen kleine, plattenartig befestigte Chitinwarzen und eine Anzahl blasser, an der Spitze vielleicht durchbohrter Sinneshaare (*shl* auf Fig. 18, 20, 21), die einen Kranz um die Kratzzähne bilden.

Wie funktionieren nun die Labellen? Wie oben erwähnt, sieht man an ihnen verschiedene Kontraktionszustände. Bald sind die Reibplatten vorgeschoben, so daß die meisten Zahnreihen sowie die sechs großen Zähne an der Außenseite des Rüssels sitzen (Fig. 18—20), bald aber sind sie so weit zurückgezogen, daß zwischen der Rüsselspitze und den Zähnen noch ein Stück Chitinhaut sichtbar ist, das mit feinen Chitinplättchen und dünnen Härchen besetzt ist, welche andererweise an der Rüsselspitze erscheinen (Fig. 21). Hansen hat diese Beweglichkeit der Labellen schon vermutet, allerdings aus der Stellung der Chitinröhren, die aber bei jeder Lage der Reibplatten weit im Innern der Labellen ihren Ursprung nehmen, wie man auf Querschnitten (Fig. 4, 5) sehen kann.

Proximal setzen sich an die drei Reibplatten zunächst drei ungezahnte Platten (*rp* Fig. 6) an, die weiterhin unmittelbar in die innere Chitinlamelle der Unterlippe übergehen (*op* Fig. 7, 11). Bis etwas distal der Gabel sind die beiden Hälften dieser Innenlamelle miteinander durch eine elastische Chitinmembran verbunden, sodaß sie sich voneinander entfernen können (Fig. 7—9). Von den Reibplatten an ist demnach die Innenlamelle der Unterlippe (*op*) eine starre Halbrinne, während die Außenlamelle (*up*) unterhalb der Labellen bei *e* durch elastische Massen unterbrochen ist. Diese elastische Masse ist, wenn die Reibplatten ausgestoßen sind (Fig. 18—19), in charakteristischer Weise gefaltet, wenn sie eingezogen sind, aber mehr oder weniger glatt. Es kann das nur dadurch zustande kommen, daß die Außenlamelle der Labellen herabgezogen ist, wodurch infolge ihrer Befestigung an der starren Innenlamelle die Reibplatten wie eine Rolljalousie hervortreten müssen. Eine solche Bewegung kann nur durch Muskelzug — aber wohl unterstützt durch den inneren Druck von Blutflüssigkeit und Tracheenluft — zustande kommen.

Wie oben erwähnt, kann man bisweilen ein Klaffen der Labellen bemerken. Bei näherem Zusehen aber findet man, daß es sich nur um das Hervorstülpen der Reibplatten, nicht aber um eine freie Beweglichkeit der Labellen selbst handelt.

Ich beschrieb oben, wie sich die großen Sehnen (*smu* Fig. 9—12), die von den Außenmuskeln des Bulbus ausgehen, an die Innenseiten der Gabel ansetzen, die kleineren (*smo*) des medianen Muskels dagegen an die innere Chitinlamelle der Unterlippe, etwas proximal von der Gabel. Die enormen Bulbusmuskeln müssen natürlich eine sehr wichtige Funktion beim Stechen haben. Ihr dicker, sehr kurzer Muskelbauch zeigt, daß die Bewegungsgröße der Sehnen nur eine kleine, dafür aber sehr kräftige sein muß. Wir sahen auch, daß die Beweglichkeit an den Labellen nur sehr gering ist. Die verschiedene Stellung der Reibplatten bald innen, bald außen von der Rüsselspitze wird nun offenbar auf folgende Weise erreicht:

Durch den inneren Druck der Blutflüssigkeit und der in die Tracheenblasen gepreßten Luft werden die Labellen, welche elastische Membrangelenke haben, etwas geschwellt und dabei die Reibplatten etwas vorgepreßt, so daß sie wie eine Rolljalousie über den Labellenrand hervorkommen. Bedeutend verstärkt wird diese Bewegung durch die Kontraktion des großen Muskels (*smu*). Die elastische Chitinmasse (*e*) an der Gabel wird hierbei komprimiert, was man an ihrer eigenartigen Faltung sieht, sobald die Reibplatten herausgedrückt sind. Während demnach das Innenrohr der Unterlippe unbeweglich bleibt, verkürzt sich ihr Außenrohr, und die Reibplatten mit den Zähnen kommen zum Vorschein. Zu gleicher Zeit bewirkt der Muskelzug an der Gabel auch noch eine geringe Biegung der Labellen nach der dorsalen Seite. Beim Nachlassen des Muskelzugs von *mu* läßt die federnde Spange, mit welcher die Gabel an der Außenlamelle der Unterlippe befestigt ist, die Labellen wieder in ihre Lage zurückkommen, und die Reibplatten verschwinden im Innern, sobald auch Blut- und Tracheendruck nachlassen. Dabei scheinen auch die Innenmuskeln (*mo*) durch Zug an der Innenlamelle der Unterlippe bedeutend mitzuwirken. Der ganze Apparat wirkt beim Stich offenbar wie eine Säge, die großen Kratzzähne (*kd*) werden das Anstechen, die Sägeplatten das Öffnen und Erweitern der Wunde, sowie das Anschneiden der Kapillaren besorgen. Nicht infolge der Starrheit des Rüssels ist demnach ein Einstechen möglich, sondern nur durch Muskelwirkung und Blut- bezw. Tracheendruck.

Zum Vergleich habe ich in Abb. 16 die Rüsselspitze von *Stomoxys* sp. aus Amani abgebildet, welche an den Labellen zwei Chitingabeln, keine Reibplatten, wohl aber jederseits fünf mächtige Zähne und eine Menge Sinneshaare zeigt, ganz ähnlich wie Hansen dies von *Stomoxys calcitrans* abbildet.

Von der Rüsselspitze bis zum Kopf abwärts ist demnach der Nahrungskanal (*nk*) nur aus den beiden mehr oder weniger beweglichen Chitinhalbrinnen gebildet. Er enthält hier meistens ein Sekret, daß aus tieferen Regionen stammen muß. Schneidet man den Rüssel ab und drückt ihn, so kommt (wie R. Koch zeigte) fast ohne Ausnahme ein Tropfen heller Flüssigkeit aus seiner Spitze heraus. Es kann dies nur Speichel aus dem Hypopharynx sein oder Magensaft, wahrscheinlich aber beides. Auch sieht man auf Querschnitten, daß sowohl Hypopharynx als auch der Nahrungskanal oft prall mit Plasma gefüllt sind, ersterer fast stets. Von der Stubenfliege und ihren Verwandten ist es bekannt, daß sie eine Menge Speichel zur Auflösung der Nahrung absondern, was bei *Glossina* nicht in Betracht kommt, und daß sie auch häufig einen Teil des Mageninhalts herauswürgen, besonders wenn sie ihn aus dem Saugmagen in den eigentlichen Magen befördern. Schaudinn (84) beobachtete ähnliches bei der Mücke und nimmt an, daß starkes Einatmen viel zum Auspressen der Flüssigkeit beiträgt. Mit diesem Plasma müssen ohne Zweifel die *Trypanosomen* in die Wunde des Opfers eingeführt werden.

Die **Palpen** sind ein klein wenig länger als der Rüssel, außen stark chitinisiert, innen, wo sie in der Ruhe fast stets dem Rüssel anliegen, weich und mit einem feinen Haarfilz bedeckt. Sie scheinen in erster Linie Schutz für den empfindlichen Rüssel zu bilden. Ihre Außenseite ist besetzt mit zahllosen feinen, blassen Haaren und einzelnen dicken Borsten, welche in einer Art von Gelenkpfannen artikulieren. An der Palpenspitze stehen vier besonders mächtige solcher Borsten, die in großen Gelenkpfannen sitzen. Diese Borsten haben einen feinen Hohlraum, dickes braunschwarzes Chitin und sind außen fein kanneliert. Am mittleren Teil der Palpen sitzen an deren Außenseite eine Menge von Sinnesorganen, innerhalb der Chitinmembran, immer 3—5 nebeneinander. Auf der Höhe des Rüsselbulbus und an der Spitze der Palpen fehlen sie. Sie gleichen den „Geruchskegeln", wie sie von Leydig, Forel (27), Kraepelin (50), Ruland (81), vom Rath (75) u. a. in den Insektenfühlern beschrieben sind. Stets liegen Ganglienzellen unter ihnen. Sonst sind die Palpen innen hohl, nur mit einem Hypoderm ausgekleidet. Bei stark expandiertem Kopfkegel sieht man, daß die Palpen der Mitte des Kopfkegels aufsitzen (Abb. 7). Sie haben an ihrer Basis eine Verbreiterung, an welche offenbar feine Muskeln ansetzen, die das geringe Heben der Palpen beim Stich der Fliege bewirken.

III. Die inneren Mundwerkzeuge.

Während der Rüssel zum Anstechen des Opfers und zur Fortleitung des gesogenen Blutes bis in den Kopf dient, wird das Ansaugen des Blutes durch einen umfangreichen Apparat bewirkt, der fast die Hälfte des Raumes im Kopfe einnimmt, welcher zwischen den Wangen, der Stirn, dem Hinterhaupt und den Augen liegt. Es ist das sog. Fulcrum. Sehen wir uns die äußere Form dieses Organes auf den Figuren 1, 2, 24 und auf der Textabbildung 17 an. Seine Zusammensetzung ergibt sich aus den Querschnitten auf den Figuren 26—36. Es ist ein stark chitiniertes, umfangreiches Gebilde, dessen Form Kraepelin (49) treffend mit der eines spanischen Steigbügels vergleicht, dessen Fußplatte einen Doppelboden hat (Fig. 1, 2 *f.*). Dieser Basalteil ist leicht gebogen, seine äußere Lamelle besteht aus hartem Chitin, während der größte Teil der inneren Lamelle aus weichem, elastischem Chitin gebildet ist. Nur in seiner Mitte sieht man eine ankerartige Verdickung (Fig. 2), zu deren Seiten je drei Sinneshaare (*thf*) — wohl Geschmacksorgane — liegen. Es sind dies (Fig. 25) ziemlich lange, blasse und starre Haare, die einer hyalinen, dünnen Grundplatte aufsitzen. Die Seiten der verdoppelten Bodenplatte des Fulcrum sind zu zwei dreieckigen Hörnern aufgebogen, deren äußerste Spitzen (*ch*) wiederum etwas einwärts gebogen sind. Bei *Musca* und *Stomoxys* vereinigen sich diese Spitzen als „Hufeisenteile des Fulcrums", wie Kraepelin sie nennt. An dieser Stelle ist das Fulcrum elastisch und pendelnd an der Innenseite des Kopfkegels aufgehängt (Abb. 4, 5, 7, 8, 17 bei *ch*). Das Vorderhorn (*vh*) des Fulcrums ist mit dem Bulbus des Rüssels durch ein chitinisiertes röhrenförmiges Zwischenstück (*k* in Fig. 1, 2, 24) verbunden, das an seiner dorsalen Seite weicheres Chitin hat, bei *Stomoxys* ist dieses Stück (Abb. 9) nur durch Chitinringe wie eine Trachee verstärkt.

Der Nahrungskanal tritt nun, aus dem Rüssel kommend, in dieses Zwischenstück und von ihm in den Doppelboden des Fulcrums, dessen beide Platten in der Ruhelage eng aufeinander liegen. Am hinteren Horn (*hh*) des Fulcrums verläßt der Nahrungskanal dasselbe (Abb. 17) und tritt in den häutigen hier oft etwas angeschwollenen Oesophagus (*oe*) ein. Der Innenraum des Fulcrums zwischen den beiden Seitenhörnern nimmt ein mächtiges Muskelpaar auf, deren Fasern sich einerseits an die Innenseite der Fulcrumhörner andererseits an die elastische Platte ansetzen. Zwischen diesen Muskeln sowie seitlich vom Fulcrum liegen zusammen drei große Tracheenblasen (*Tr B*). Diese Verhältnisse sind auch aus den Schnitten Fig. 26, 27 ersichtlich, welche bei gesenktem Rüssel etwas schräg zur Sitzebene der Fliege geführt sind. In Figur 26 ist die äußerste Basis des Rüsselbulbus (*up*) getroffen, der Speichelgang (*s*), — welcher hier nicht mehr in die von der Oberwand der Unterlippe ausgehende Chitinlamelle, wie in Fig. 16, eingelassen ist, sondern durch eine ebensolche Lamelle mit der Unterwand der Unterlippe zusammenhängt, — und endlich das Zwischenstück (*k*) und die „Hufeisenhörner" des Fulcrums (*ch*) mit dem großen Pumpmuskel (*ms*). Der andere auf Fig. 27 dargestellte Schnitt ist weiter kopfwärts geführt und hat etwa die Mitte des Fulcrums (*f*) mit dem zwischen beiden Platten liegenden Nahrungskanal (*nk*) und die Pumpmuskeln (*ms*) getroffen.

Das Fulcrum hat in der Seitenansicht die Form eines gleichschenkligen Dreiecks von ca. 1 mm Seitenlänge, seine Hörner sind bedeutend kürzer als die bei *Musca* und selbst bei *Stomoxys*, entsprechend der sehr viel geringeren Beweglichkeit des Rüssels. Becher (7) hat das Fulcrum von sehr vielen Fliegenarten abgebildet; seine Form variiert, im Prinzip aber ist es überall gleichgebaut und bildet die Saugpumpe. Wenn sich die oben beschriebenen Muskeln (*ms*) kontrahieren, entfernen sie die elastische Platte des Fulcrumbodens von der starren, es wird ein leerer Raum gebildet, in den die zu saugende Flüssigkeit einströmen muß. Der Pumpmuskel hat nun zwei Teile, einen vorderen und einen hinteren. Wenn wir nun annehmen — was wohl der Wirklichkeit entsprechen wird —, daß der vordere Teil des Muskels sich zuerst kontrahiert und nachläßt, sobald der hintere sich zusammenzieht, so wird eine schaukelnde Bewegung der elastischen Fulcrumplatte erzeugt und damit nicht nur ein Ansaugen der Flüssigkeit, sondern auch eine Beförderung derselben von vorne nach hinten, dem Schlunde zu.

Bei ausgestrecktem Kopfkegel kann man durch dessen durchsichtige Haut hindurch, sonst aber beim Präparieren, neben dem Fulcrum jederseits eine etwa 0,6 mm lange kräftige und dunkel gefärbte Chitinspange (*sp*) liegen sehen, welche an der Stelle artikuliert, wo die Oberlippe mit dem Bulbus der Unterlippe verwächst, und zwar an einer Gelenkfläche der ersteren. Ihr anderes Ende ist frei, nur durch Muskeln gehalten. Manche Autoren, wie Dimmock (23), Gerstfeld (33), Becher (7), Kraepelin (49), halten diese Spangen für die rudimentären Basalglieder (*Cardines*) der ersten Maxillen, andere, wie Menzbier (62), für eine Muskelzugleiste, Hansen (38) bezeichnet sie als „Apodem", Lowne (58) als Apodem des Labrum. Ich will sie einfach Chitinspange nennen, ohne ihre Homologie zu erörtern, doch scheint mir ihre Bedeutung als Maxillencardines wahrscheinlich, schon allein, weil sie auf Schnitten einen feinen Hohlraum aufweisen.

Das Fulcrum dient nicht nur zum Pumpen, sondern auch als Winkelhebel bei der Bewegung von Kopfkegel und Rüssel. Um diese zu verstehen, müssen wir uns die Muskeln der Mundwerkzeuge ansehen (Abb. 17, Fig. 24, 26, 27). Ihre Untersuchung ist recht schwierig. Die durch Präparation gewonnenen Resultate muß man auf Schnittserien kontrollieren. Man präpariert am besten unter starker Lupe in schwachem Alkohol. Alle Verhältnisse, besonders die Mechanik, aufzuklären, wie Kraepelin (49) dies bei *Musca* tut, gelang mir jedoch nicht, lag auch nicht in der Absicht dieser Arbeit. Hansen (38) beschrieb diese Muskulatur von *Stomoxys* und früher (37) von *Tabanus*, bei welcher er nicht weniger als 4 unpaare und 21 paarige Muskeln fand.

Bei *Glossina fusca* konnte ich folgende Muskeln feststellen: (vergl. Abb. 17 und Fig. 24).

1. Den oben beschriebenen Pumpmuskel *(ms)*, von Kraepelin Fulcrummuskel genannt.

2. Ein Paar starker Muskeln *(mr)*, die einerseits am oberen Winkel des Fulcrums dicht beim Austritt des Oesophagus, andererseits dicht oberhalb vom Aufhängepunkt des Fulcrums an der Chitinverdickung ansetzen, welche das Epistomum begrenzt. Es sind nach Kraepelin bei *Musca* die Retraktoren des Rüssels. Nach ihrer Lage bei *Glossina* glaube ich annehmen zu sollen, daß bei ihrer Zusammenziehung eher ein Strecken des Rüssels zustande kommt, indem das Fulcrum herausgezogen wird und auf das Zwischenstück und den Vorderrand des Unterlippenbulbus drückt, welcher in diesem Falle an seinem äußersten Hinterrand artikuliert. Möglich ist aber auch, daß ich die Ansatzpunkte der Muskeln nicht ganz klar erkannte, und daß sie auch bei *Glossina* wie bei *Musca* das Fulcrum und mit ihm den Rüssel retrahieren. Aber auch Hansen (38) nimmt für *Stomoxys* an, daß dieses von ihm mit „m. 7." bezeichnete Muskelpaar Fulcrum und Rüssel hervordrückt.

3. Ein Paar dünner Muskeln *(ma)*, die dicht unterhalb von Nr. 2 an der vorderen Gesichtshaut ansetzen und zur Basis der Oberlippe gehen, wo sie mit der Unterlippe verwachsen ist, und wo die Chitinspange ansetzt. Es sind die „Heber der Oberlippe" nach Kraepelin, die aber bei *Glossina*, wo die Oberlippe fast unbeweglich mit der Unterlippe verbunden ist, beide zusammen, demnach den ganzen Rüssel, heben müssen. Wahrscheinlich wird das Heben des Rüssels in die Ruhelage auch noch durch Elastizitätsverhältnisse der Chitinhaut des Kopfes unterstützt. Dieser Muskel wird bei seiner Zusammenziehung auch die Haut des Kopfkegels falten.

4. Ein ganz feines, zartes und kurzes Muskelpaar *(mt)*, — das man nur auf Schnitten findet, — welches einerseits an dem eben beschriebenen Punkt der Oberlippe ansetzt, andererseits an den Palpen etwas distal von ihrem Artikulationspunkt. Ihre Kontraktion hebt offenbar die Palpen um ein Geringes.

5. Ein starkes Muskelpaar *(mf)*, das am Hinterhauptsloch einerseits und an der Basis der Chitinspange andererseits ansetzt (nicht wie bei *Musca* an der Unterlippe). Es ist nach Kraepelin der „Beuger des Rüssels" bei *Musca*. Auch bei *Glossina* kann er so wirken, indem, — falls der Kopfkegel eingezogen ist und der Rüssel dem Kopfskelett anliegt, — die Unterlippe sich bei der Zusammenziehung dieser Muskeln um ihren Artikulationspunkt an dem Hinterrand des Bulbus dreht. Wenn aber der Kopfkegel ausgestülpt ist, muß dieses Muskelpaar gemeinsam mit *ma* und dem gleich zu erwähnenden Muskelpaar *ml* den Kopfkegel und Rüssel zurückziehen, wie auch Hansen für *Stomoxys* angibt.

6. Ein etwas schwächeres Muskelpaar (*ml*), das in den beiden Gruben am Hinterrand des Unterlippenbulbus einerseits und am Hinterhauptsloch andererseits ansetzt. Es entspricht dem „Senker der Oberlippe" nach Kraepelin. Bei *Glossina* kann es ohne Zweifel auch diese Funktion haben. Bei seiner Kontraktion muß sich der Rüssel um den Ansatzpunkt der Chitinspange drehen und sich senkrecht zur Körperachse stellen. Ist der Kopfkegel jedoch ausgedehnt, so wird er zusammen mit *ma* und *mf* bei der Zurückziehung des Rüssels mithelfen.

7. Von der Spitze der Chitinspange geht ein Muskel (*me*), zwischen ihr und dem Fulcrum verlaufend, nach dem Zwischenstück (*k*), das ich oben als zwischen dem Fulcrum und Rüssel liegend beschrieb. Wahrscheinlich gehen einige Muskelfasern (*mb*) auch an den Vorderrand des Fulcrumhorns. Kraepelin bezeichnet diesen Muskel als den „Strecker des Rüssels". Er scheint bei *Glossina* nur, wenn das Fulcrum durch Muskelzug festgestellt ist, als Senker (Strecker) des Rüssels im Vereine mit No. 6 zu wirken. Ist der Rüssel aber durch Muskelzug fixiert, so kann er zum Heben des Fulcrums dienen. Die zum Seitenrand des Fulcrums gehenden Fasern (*mb*) dienen vielleicht zur Befestigung der Spange, die anderweit nicht mit dem Fulcrum verbunden ist. Bei *Stomoxys* geht nach Hansen ebenso wie bei *Musca* dieser Muskel nicht an das Zwischenstück, sondern an das vorderste Ende des Fulcrum. Hansen nimmt an, daß er das distale Ende des Rüssels (bezw. der Oberlippe) hebt, und auch bei der Ausstoßung des Kopfkegels mitwirkt.

8. Ein ganz feiner offenbar unpaarer Muskel (*mc*) geht durch den Knick des Oesophagus oberhalb des Fulcrums zur Kopfhaut, dicht am Rande der Kopfblase; man findet ihn nur auf Schnitten. Er dient anscheinend dazu, beim Heben des Fulcrums den Knick des Oesophagus festzulegen.

9. Endlich geht ein sehr feines dünnes Muskelpaar (*md*) von der mittleren Kerbe im Hinterrand des Unterlippenbulbus dort, wo der Speicheldrüsenkanal austritt, zum Hinterende des Fulcrums dicht an der Austrittsstelle des Oesophagus. Es regiert das später zu beschreibende Ventil des Speichelganges, hilft vielleicht auch zusammen mit *ml* bei der Streckung des Rüssels und zusammen mit *ml*, *mf* und *ma* bei dem Zurückziehen des Kopfkegels.

Zu diesen 9 Muskeln resp. Muskelpaaren kommen nun noch die oben beschriebenen

10. Muskeln (*mu*), welche im Unterlippenbulbus liegend mit ihren Sehnen an die „untere Chitingabel" ansetzen, und

11. die Muskeln des Bulbus (*mo*), welche mit ihren Sehnen an der inneren (oberen) Lamelle der Unterlippe an der Rüsselspitze ansetzen.

Mit Ausnahme des „Falters der Kegelmembran" und der Kontraktoren von Unter- und Oberlippe habe ich also alle Muskeln, die Kraepelin bei *Musca* beschrieb, auch bei *Glossina* gefunden, nur teils mit etwas veränderten Ansatzpunkten. Dadurch, daß bei *Glossina* die Fulcrumhörner im Vergleich mit *Stomoxys* und besonders mit *Musca* sehr kurz sind, müssen auch die Exkurse des Rüssels kleiner sein, der ja hier auch nicht geknickt und nur sehr wenig eingezogen zu werden braucht. Immerhin muß während des Stiches und Saugens die Streckung des Rüssels ziemlich energisch vor sich gehen und dabei wohl außer der Kontraktion der Muskeln Nr. 2, 6 und 7 der innere Druck von Blut und Tracheenluft mitwirken.

Einen Teil der Muskeln wird man mit denselben Buchstabenbezeichnungen auf den Schnitten Figur 26 und 27 Tafel I, 28—36 Tafel II wiederfinden. Die letzteren sind frontal durch den Kopf geführt, d. h. senkrecht zur Körperlängsachse der Fliege, während der Rüssel in der Ruhelage nach vorne gestellt war. Die Fliege wurde beim ersten Ansaugen fortgenommen und sofort in heißem Alkohol getötet, so daß das gesogene Blut nur bis in den ersten Teil des Oesophagus gedrungen war, dort wo er durch das Gehirn tritt. Durch die Buchstabenbezeichnung werden die Schnitte ohne weiteres verständlich sein. Die Schnitte Figur 26 und 27 sind bei gestrecktem Rüssel fast senkrecht zum Rüssel, also auch senkrecht zur Ebene der in den Figuren 28—42 dargestellten Schnittserien geführt.

Figur 26 hat den äußersten Rand des Rüsselbulbus mit dem Hypopharynxrohre (s), das Zwischenstück (k) zwischen Rüssel und Fulcrum, sowie den „Hufeisenteil" des Fulcrums (ch) getroffen, während Figur 27 das Fulcrum in der Mitte traf (nk). Dort sind auch der Ansatz der zwei Fulcrummuskeln (ms), sowie die Protraktoren (mr) des Rüssels zu sehen; die Spangen (sp) und die Retraktoren (me) sind in beiden Figuren ersichtlich. In Figur (27) liegt der Speichelgang (s) zwischen den beiden Speichelventilmuskeln (md).

Bei der anderen Schnittserie hat Figur 28 das Fulcrum (f) dicht hinter der Aufhängestelle (ch), zugleich aber auch den Knick des Oesophagus (oe) getroffen. Wir sehen die Pumpmuskeln (ms) und die Protaktoren (mr), sowie die Rüsselbeuger (mf) und den Nerven (nf), welcher die Fulcrummuskeln innerviert und vom unteren Horn des Zentralnervensystems (nf in Fig. 31) entspringt, dicht vor der Eintrittsstelle des Oesophagus in das Gehirn. Die Figuren 29—33 sind Schnitte, welche durch die Basis des Rüssels geführt sind, wo er mit dem Kopfe artikuliert. Figur 29 hat das Fulcrum etwas hinter seiner Mitte getroffen; wir sehen seine elastische und seine starre Bodenplatte, während Figur 30 den vorderen Teil des Fulcrums dicht hinter vh durchschneidet; an seiner dorsalen Wand liegen die zarten Muskeln (md), welche das Speichelventil regieren. Fig. 31 hat gerade noch die vordere Spitze des Fulcrums (vhf) getroffen; man sieht die Chitinspitze desselben in ihrem peritonealen Überzug liegen. Die Schnitte Fig. 32 und 33 liegen schon hinter dem Fulcrum, 33 trifft den äußersten Rand des Rüsselbulbus mit dem Ansatze des Rüsselsenker (ml) und der Speichelventilmuskeln (md).

IV. Die Speicheldrüsen.

Die **Lippenspeicheldrüse** beschrieb ich oben beim Rüssel. Eine andere Ansammlung von kleinen Drüsenzellen fand Kraepelin (49) bei *Musca* an der hinteren Partie des Fulcrums. Ich konnte diese bei *Glossina* nicht finden, ebenso wie es auch Lowne (59) und Knüppel (104) nicht konnten, wohl aber sah ich eine Zellanhäufung am Zwischenglied (k) zwischen dem Rüssel und dem Fulcrum; ob dies aber Drüsen sind, vermag ich nicht zu entscheiden.

Die großen „**Brustspeicheldrüsen**" von *Glossina* sind von Sander (83) und

Minchin (66) ausführlich beschrieben worden, und im allgemeinen kann ich auf deren Darstellung verweisen, besonders auf die Fig. 2 von Minchin.

Wie erwähnt, münden die Brustspeicheldrüsen in den Hypopharynx, dessen aus einer starken Chitinröhre bestehende Fortsetzung in den Septen, die erst von der oberen, dann von der unteren Lamelle des Unterlippenbulbus ausgehen, wir früher kennen lernten (Taf. I, Fig. 16, 17, 26). Verfolgen wir nun die Speicheldrüsen nach rückwärts von der mittlere Einkerbung des Unterlippenbulbus aus. Die Chitinröhre bekommt hier plötzlich dünne Wandungen, in die dorsal eine kleine Chitinplatte federnd eingelassen ist. Fig. 43 zeigt bei x diese Stelle im meridianen Längsschnitt, Fig. 44 und 46 im Flächenschnitt. Das Rohr selbst ist wie eine Trachee durch feine Chitinringe verstärkt. An diese Platte, — vielleicht außerdem auch noch an die Mittelkerbe des Unterlippenbulbus — setzt sich der feine Muskel *md* an, der durch seine Kontraktion offenbar die federnde Platte heben und so den Speichelkanal öffnen muß, der in der Ruhe durch diese Feder verschlossen ist. Unmittelbar hinter dieser Platte teilt sich der Speichelkanal (Fig. 43, 45, *s*) in die Ausführungsgänge der beiden Brustspeicheldrüsen. Auf der Textabbildung 17 ist diese Stelle bei *dk* ersichtlich. Umgeben ist die „Drosselklappe" des Speichelausführungsganges von eigenartigen, radiär gestellten Zellen (Fig. 44, 46), die bisweilen auch ein Syncytium bilden und den Eindruck des Zerfalles machen. Ich glaube, daß es sich um ein rudimentäres, aus der Larvenzeit stammendes Organ handelt. Auf Querschnitten durch eine Larve findet man nämlich, daß der Oesophagus bezw. das primitive Fulcrum der Larve ein dorsales Divertikel hat, an dessen blindem Ende eine Ansammlung von Drüsenzellen liegt, die ganz so aussieht, wie die Zellen an der Drosselklappe der Fliege. Der primitive Fulcrummuskel der Larve verbindet die beiden Hörner des Fulcrums, in dessen unteres die beiden Speicheldrüsen seitlich einmünden.

Die beiden Ausführungsgänge der Brustspeicheldrüsen sind weiterhin feine Chitinkanäle, die außen von feinen Matrixzellen umgeben sind. Sie entfernen sich dorsal bald etwas vom Fulcrum und gehen durch das große Loch, das in der Mitte das Innenskelett des Kopfes durchbohrt, welches ich als „Sattel" bezeichnen möchte (Fig. 32, *s*). Von da an gehen die Gänge zum Hals, den sie seitlich von der Mitte, etwas ventral vom zentralen Nervensystem durchsetzen. Auf den Figuren 32—38 ist die Lage der mit *s* bezeichneten Speichelgänge ersichtlich.

Im Thorax gehen die Speichelgänge ziemlich geradlinig, nur selten geschlängelt, seitlich vom Oesophagus und dorsal vom zentralen Nervensystem nach hinten (Fig. 39—42 auf Tafel II, Textabb. 18 und 19), durchsetzen den Hinterleibsstiel und bilden in den beiden vorderen Winkeln des Hinterleibes zwei große, meist dorsal der Rückenwand mehr oder weniger anliegende Knäuel (Textabb. 17 *s*). Diese beiden langen, feinen, blind endigenden Schläuche sind bei erwachsenen Tieren länger als bei frisch aus der Puppe geschlüpften. Sie haben ein glasiges, weißes, oft fast knorpeliges Aussehen und sind bedeutend stärker als die Malpighischen Gefäße, bedeutend länger als die Hodenschläuche und nicht verzweigt, wie die Eiweißdrüsen der Weibchen. Bei einer *Glossina palpalis*, die bedeutend kleiner als *Gl. fusca* ist, maß ich einmal die Länge der entwirrten Schläuche mit 21 mm.

Die Ausführungsgänge der Brustspeicheldrüsen sind im Kopfe einfache, dünnwandige Chitinschläuche, denen außen eine sehr dünne Schicht von Peritonealzellen aufgelagert ist, offenbar ihre Matrixzellen. Die Drüsennatur der Schläuche beginnt erst im Thorax. Sie bestehen dort aus einer schlauchförmigen Basalmembran und einer inneren Zellauskeidung, deren Grenzen sehr selten erkennbar sind. Auf dem Querschnitt sieht man 4—8 Kerne, wodurch diese Drüsenschläuche sich von den Malpighischen Gefäßen unterscheiden, die auf dem Querschnitt nur 1—2 Kerne haben.

Das Protoplasma der Speicheldrüsenzellen färbt sich mit Hämotoxylin außen dunkel, nach innen blasser; in dem blassen Teil wird offenbar das Sekret gebildet. Der Hohlraum in der Drüse, also der Gang für den Speichel, ist meist sehr klein, oft kaum nachweisbar. An

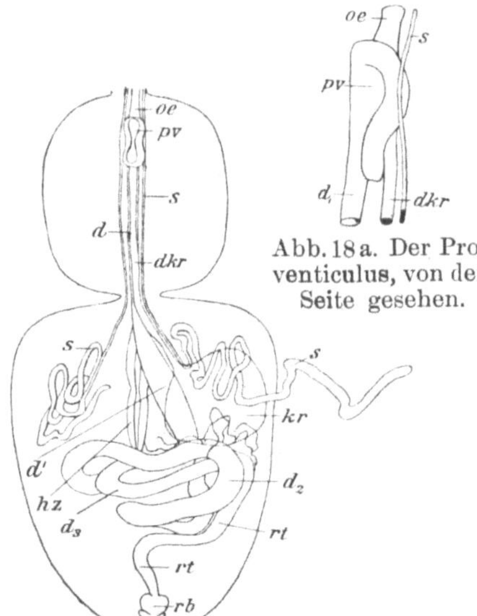

Abb. 18. Halbschematische Darstellung des Verdauungstractus von *Glossina*, von der ventralen Seite aus gesehen.

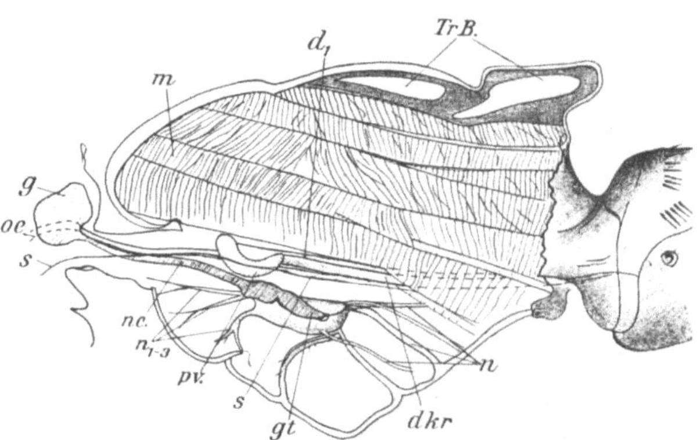

Abb. 18 a. Der Proventiculus, von der Seite gesehen.

Abb. 19. Halbschematische Darstellung der Thoraxorgane, von der Seite gesehen.

oe Oesophagus. *pv* Proventriculus. *s* Speicheldrüse. *d1—3* Vorder-, Mittel- und Hinterdarm. Enddarm. *rb* Rektalblase. *kr* Kropf. *hz* Herz. *dkr* Gang zum Kropf. *g* Gehirn. *nc* Zentrales Nervensystem. *gt* Brustganglion. *n1—3* Vordere Nerven des Brustganglions. *n* Hintere Nerven des Brustganglions. *m* Flügelmuskulatur. *Tr.B.* Tracheenblasen.

der Außenseite scheinen die Zellen weniger durch Sekretion verändert. Es kommt mir vor, als ob bei der Bildung des Speichels die Zellkörper selbst sich in das Sekret verwandeln und dadurch die Zellen degenerieren.

Fig. 74 Tafel II zeigt den Querschnitt der Speicheldrüse (*s*) in der Höhe vom Vorderrand des Proventrikel, angelagert an einen Tracheensack (*Tr. B.*) und an Bindegewebezüge (*z*). Die Kerne sind rundlich, stark tingiert und mit kleinen Chromatinkörperchen versehen, das Zellplasma geht fast unmerklich in das Sekret über, welches das Zentrum des Kanals ausfüllt. Im Hinterleib ist der Durchmesser des Drüsenschlauches größer als im Thorax, meistens, und zwar besonders — wenn nicht immer — während die Fliege saugt, findet man hier die Drüsenzellen ganz flach, fast nur als Wandbeleg des Schlauches, und das ganze Innere desselben ist prall mit einem Sekret gefüllt, das körnig gerinnt und sich mit Hämatoxylin nicht färbt, mit Eosin aber rosa wird. Fig. 48 Tafel II zeigt diesen Zustand bei einer Speicheldrüse aus dem Brustkorb von einer jungen *Glossina tachinoides.*

Nach vielen Beobachtungen nehme ich an, daß kurz vor dem Einstechen des Rüssels durch Nervenreiz besonders große Mengen von Speichelsekret abgesondert werden, das dann unter Druck in den Schläuchen steht, so daß es bei dem Öffnen des Drosselventils im Speichelkanal zum Ausfließen gelangt. Bisweilen sieht man in den Sekretmassen kleine Körnchen liegen, die sich tingieren. Es sind dies meines Erachtens Zerfallsprodukte von den Kernen der Drüsenzellen.

Fast ebenso ist die Speicheldrüse von *Stomoxys* gebaut, nur fand ich dort in der Thoraxregion eine deutliche Intima (Fig. 49).

Niemals haben wir auch bei nachweislich stark mit *Trypanosomen* infizierten Fliegen in den Speicheldrüsen eine Spur von Parasiten gefunden, obgleich wir, d. h. Geheimrat Prof. Dr. R. Koch, Oberarzt Dr. Kudicke und ich, auf das aufmerksamste reichlichstes lebendes und konserviertes Material daraufhin untersucht haben, weil wir nach Analogie mit *Anopheles* zuerst in den Speicheldrüsen nach Entwicklungsstadien der *Trypanosomen* suchten.

Die genaue Funktion der Speicheldrüsen ist bei ihrer Kleinheit sehr schwer festzustellen. In Kochsalzlösung verzupfte Drüsen veränderten Stärkekörner nicht im geringsten, und ob das Sekret sauer oder alkalisch ist, konnte ich nicht feststellen. Zerdrückte Drüsen sowohl als die Tröpfchen an der Spitze der Hypopharynx verursachten keine Färbungsänderungen auf Lackmuspapier. Unzweifelhaft wird das Sekret gleich an der Rüsselspitze dem gesogenen Blut beigemischt. Es ist sehr gut möglich, daß es auch verdauend wirkt, doch scheint es mir in erster Linie die Blutgerinnung zu hemmen.

Schaudinn (84) nimmt bei der Mücke an, daß die Gerinnungshemmung des Blutes einer aus dem Mückenrüssel in die Wunde gepreßten Kohlensäureblase zuzuschreiben ist. Das kann bei *Glossina* nicht in Frage kommen, da eine solche Blase ziemlich sicher nicht ausgestoßen wird und die in Frage kommenden, im Kropfe enthaltenen Gase, wie wir sehen werden, sicher keine Kohlensäure enthalten. Das Blut hat im Fliegendarm eine breiige Konsistenz und ist nie eigentlich geronnen. Da ist es wahrscheinlich, daß das Sekret von Drüsen und insbesondere von den Speicheldrüsen Fermente enthält, welche die Gerinnung des gesogenen Blutes hindern. Nähere Experimente habe ich darüber jedoch nicht angestellt.

Blutgerinnungshemmende Eigenschaften von Sekreten oder Gewebsäften sind im Tierreich verschiedentlich beobachtet. Haycraft (39) stellte sie zuerst beim Blutegel fest und Apathy (3) lokalisierte den Hemmungsstoff in den Halsdrüsen des Blutegels; Sabatini (82) fand ähnliches bei Zecken. Auch bei nicht blutsaugenden Tieren (Extrakte aus der Weinbergsschnecke und aus Regenwürmern, Sekret der Krebsleber) kennt man Stoffe, die die Blutgerinnung verhindern.

V. Der Darmkanal.

Der Darmkanal der Tsetse ist zuerst von Sander (83), dann ausführlicher von Minchin (66) und von mir (91) beschrieben worden. Ich habe mich in dem Bestreben, die Lebensgeschichte der parasitischen Trypanosomen nachzuweisen, besonders mit der Histologie des Darmkanals beschäftigt, weil diese Parasiten ihren ganzen Entwickelungsgang in der Tsetse nur innerhalb‘ von deren Darm durchmachen. Der Darmkanal von anderen Fliegen ist in neuerer Zeit ausführlicher von Lowne (58), Prowazek (74), der von Mücken von Grassi (36), Christophers (20) und anderen behandelt worden. Leider fehlte es mir an Zeit, die Organe bei verschiedenen Fliegenarten sowie auch bei anderen blutsaugenden Insekten vergleichsweise zu studieren.

Aus praktischen Gründen wollen wir den Nahrungskanal einteilen in:

a) *Oesophagus* (*oe*) vom Fulcrum bis zum Eintritt in den Proventrikel gerechnet,

b) *Proventriculus* (*pv*),

c) *Kropf* (*kr*) mit dem Gange (*dkr*), der in ihn vom Proventrikel aus führt,

d) *Vorderdarm* (*d. 1.*) vom Proventrikel durch den Thorax gehend, und ein Stück dorsal am Rücken des Hinterleibes hinabsteigend,

e) *Mitteldarm* (*d. 2.*) als Hauptteil des Darms,

f) *Hinterdarm* (*d. 3.*), d. h. die letzte Darmschlinge bis zur Einmündung der Malpighischen Gefäße,

g) *Enddarm* (*rt*) von der Einmündung der Malpighischen Gefäße an bis zu der

h) *Analblase* (*rb*) mit ihren vier Rektal- oder Analpapillen und dem Anus.

Nr. a) und c) gehören dem ektodermalen Vorderdarm ganz, Nr. b) ihm zum Teil an, Nr. d) bis f) gehören zum mesodermalen Mitteldarm und Nr. g) und h) zum ektodermalen Nachdarm. Der Grund für obige Einteilung ist einmal, weil sich alle acht Abschnitte histologisch streng unterscheiden, dann aber, weil sie bei der Entwicklung der parasitären Trypanosomen verschiedene Rollen spielen und man bei deren Untersuchung besonders die Abschnitte d) bis f) unterscheiden muß, welche zusammen den Darm im engeren Sinne bilden.

Die Lage dieser Organe geht aus den schematischen Textabbildungen 17—19 hervor. Sie ist von Sander und dann auf das ausführlichste von Minchin beschrieben worden, so daß ich betreffs der allgemeinen topographischen Anatomie auf diese Autoren verweisen kann.

a) Der Oesophagus. Der Oesophagus tritt, wie wir oben sahen, aus dem hinteren Horn (*hh*) des Fulcrums (Abb. 17) heraus. Dort hat er bisweilen eine geringe zwiebelförmige Anschwellung, hinter der man meistens eine leichte, offenbar durch einen Sphinctermuskel verursachte Einschnürung (*sph. oe.*) beobachten kann. Etwas weiter abwärts tritt, wie oben beschrieben, ein Muskel (*mc*) — vielleicht auch ein elastisches Band — an den Oesophagus, sich andererseits an das Kopfskelett dicht am Eingange der Kopfblase (*kb*) ansetzend. Seine Bestimmung ist offenbar, den Oesophagus an dieser Stelle zu knicken, wenn das Fulcrum zurückgezogen ist. Als zarter, gleichmäßig dicker, durchscheinender Schlauch geht der Oesophagus nunmehr nach hinten zum Gehirn (*g*), das bei *Glossina* wie bei allen Fliegen eine aus oberem und unterem Schlundganglion verwachsene Masse bildet. Vom Austritt aus dem Gehirn an geht der Oesophagus in gerader Linie zum Hinterhauptsloch, das er dorsal vom zentralen Nervensystem durchsetzt. Auf den Schnitten Fig. 28—40 ist die

Lage des Oesophagus genau zu verfolgen. Wir sehen, wie er ventral in die Gehirnmasse eintritt (Fig. 31), sie durchsetzt (Fig. 32—34) und dorsal aus ihr heraustritt (Fig. 35). Von dort an bis zum Halse (Fig. 37) ist dem Oesophagus dorsal ein dünnwandiger Blutsinus (bs) aufgelagert. Der dorsalen Wand des Oesophagus ist ein Paar sehr feiner Nerven aufgelagert, die man vom Proventriculus an nach vorne verfolgen kann (ns). Durchweg sind es zwei Nerven, die an der Dorsalseite zu beiden Seiten der Mittellinie liegen; nur im Gehirn und etwas dahinter (Fig. 31—35 ns) verschmelzen sie zu einem Stamm, um sich vorne im Kopfe wieder zu teilen. Man kann sie (Fig. 28) bis zum Knick des Oesophagus dicht hinter dem Fulcrum verfolgen. Wahrscheinlich entspringen sie aus einer Wurzel, an der Unterseite des Gehirns (ns auf Fig. 32), wo ihnen zur Seite ein Ganglion (gs) liegt. Dieses, sowie die erwähnten Nerven gehören offenbar dem sympathischen Nervensystem an.

Wie alle ektodermalen Gebilde bei den Insekten zeigt der Oesophagus innen eine aus Chitin bestehende glashelle Membran, die von sehr flachen Epithelzellen umgeben ist. Diesen folgen einige Längsmuskelfasern, sowie etwas reichlicher vorhandene Ringmuskelfasern. Stellenweise, besonders dicht hinter dem Gehirn, sind diese beiden Sorten von Muskeln nicht nachzuweisen. Außen ist der Oesophagus durchweg von einer Bindegewebeschicht umgeben, mit der Nerven, Tracheen und besonders die großen Tracheensäcke verwachsen sind.

Fig. 50 auf Tafel II zeigt den Oesophagus bei seinem Durchtritt durch das Gehirn, wo, wie oben erwähnt, das Nervenpaar des Sympathicus (ns) zu einem Stamm verwachsen ist. Von der Gehirnsubstanz (g) ist der Oesophagus durch eine bindegewebige Tunica propria abgeschlossen, welche auch eine starke Trachee mit einschließt. In der Fig. 51 ist der Oesophagus bei seinem Austritt aus dem Gehirne gezeichnet, Fig. 52 stellt ihn bei etwas schwächerer Vergrößererung ein wenig unterhalb des Halses dar. Es sind hier kaum Muskelfäden zu unterscheiden, der Sympathicus (ns) besteht aus zwei Stämmen, und die Tracheensäcke sind mit der Bindegewebehülle des Oesophagus und mit dem Zentralnervensystem (nc) verwachsen. Dieser Schnitt entspricht der Fig. 38. Die Ausführungsgänge der Speicheldrüsen (s) sehen hier noch wie Tracheen aus, während sie etwas weiter nach hinten (Fig. 53) schon Drüsennatur aufweisen. Hier ist der Oesophagus stark erweitert. Außer den beiden sympathischen Nerven (ns) kann man in seiner Wand keine faserigen Gebilde finden. Der Schnitt entspricht der geringer vergrößerten Fig. 39 und liegt dicht vor dem Proventriculus. Es ist hier auch noch ein Organ (sg) getroffen, das zwischen den Tracheenblasen (Tr. B.) und dem Oesophagus liegt und das ich für ein sympathisches Ganglion halte; auch sieht man die Aorta (ao) im Querschnitt. Daß der Oesophagus hier noch Muskelfasern hat, zeigt deutlich die Fig. 54, die bei starker Vergrößerung nach einem Querschnitt durch die Region dicht oberhalb des Proventriculus bei Glossina tachinoides gezeichnet ist. Die Cuticula (c) ist wie gewöhnlich stark gefaltet, und in ihren Falten liegen die Kerne der Epithelschicht, ein Verhältnis, wie man es sehr oft am zusammengezogenen Oesophagus findet. Außen sind deutliche Längsmuskelfasern (ml), sowie sehr kräftige, deutlich gestreifte Ringmuskelfasern (mr) vorhanden. Eine peritoneale Bindegewebeschicht konnte ich gerade auf diesem Schnitte nicht nachweisen. Als solch dünner Schlauch geht der Oesophagus dorsal vom großen Nervenstrang und vom Brustganglion geradlinig durch den Thorax hindurch, kommuniziert mit dem Proventriculus und passiert den Hinterleibsstiel, um im Abdomen sich zu einer sehr geräumigen Blase, dem Kropf oder sog. Saugmagen, zu erweitern.

b) Der **Proventriculus** von *Glossina*, der von Sander und Minchin[1] beschrieben ist, bildet ein bohnenförmiges Organ, das in dem ersten Drittel des Thorax dem Oesophagus dorsal aufgelagert ist. Seine allgemeine Lage ist aus den Textabbildungen 18, 18a und 19 ersichtlich, während sein Verhältnis zu den übrigen Organen des Thorax aus den Fig. 40—42 der Taf. II hervorgeht. Wir sehen, daß der Proventriculus (*pv*) ventral von den mächtigen Flügelmuskeln und der Aorta (*ao*) und dorsal vom Oesophagus und dem zentralen Nervensystem (*nc* und *gt*) liegt, während die Speicheldrüsen (*s*) etwas seitlich und ventral von ihm entlang laufen. Zu seinen Seiten und zum Teil mit ihm verwachsen liegen Bindegewebssepten und Tracheenblasen (*Tr. B.*). Der hintere Teil des Proventriculus und der vordere des großen Brustganglions liegen auf einer Höhe. Im frischen Präparat kann man beide dadurch unterscheiden, daß einerseits das Brustganglion größer als der „Vormagen" ist, andererseits aber letzterer mehr glasig und durchscheinend, das Brustganglion weißlich aussieht. Seine Länge beträgt etwa $^8/_4$ mm. Der Nabel der „Bohne" ist, wie aus den schematischen Umrißzeichnungen Abb. 18—20 ersichtlich ist, dorsal gerichtet. In ihm liegt der Oesophagus (*oe*) und seine hintere Fortsetzung, der zum Kropfe führende Gang (*dkr*). Das Organ ist auch in der Textabbildung 20 in dorsaler Ansicht dargestellt. An der mit *x* bezeichneten Stelle ist das Oesophagusrohr mit einer meist kreisrunden, aber nach dem Kontraktionszustand oft auch anders geformten Öffnung mit dem Innenraum des Vormagens verbunden. Aus der hinteren und ventralen Seite des Proventriculus tritt der Vorderdarm aus. Den anatomischen Aufbau dieses komplizierten Organs kann man nur auf Schnitten erkennen. In den Fig. 55—59 der Taf. II sind einige solcher Schnitte dargestellt. Wenn man in gewöhnlicher Weise mit Alkohol härtet und dann mit Hämatoxylin färbt, so erkennt man den Aufbau des Proventriculus dadurch leicht, daß alle Epithelschichten, die dem Darme — also dem Mesoderm — angehören, sich dunkel färben und eine blasse feine Intima zeigen, die sich fast gar nicht färbt, während die dem Oesophagus und dem Kropfgang — also dem Ektoderm — angehörigen Epithelschichten blaßblau erscheinen und innen eine verhältnismäßig dunkel gefärbte Cuticula aufweisen. Im Prinzip ist der Aufbau des Proventriculus folgender: Das Rohr des Vorderdarms (*d*1) erweitert

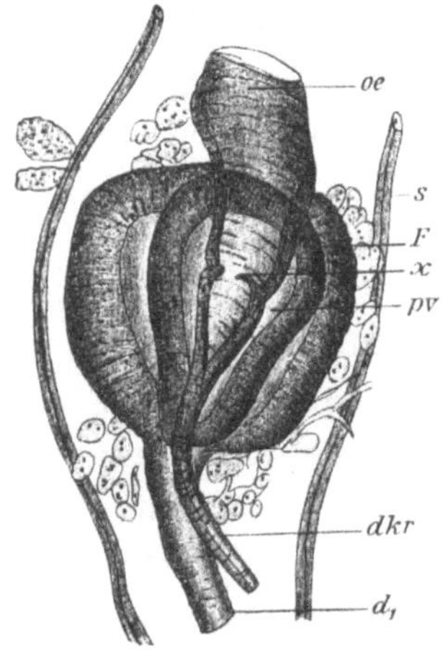

Abb. 20. Proventriculus in dorsaler Ansicht, Vergr. 33. Nach einem herausgelösten und in Karmin gefärbten Präparat.

---

[1] Minchin bezeichnet dies Organ in seiner vorläufigen Mitteilung als Magen (stomach), hat aber anscheinend seine Meinung geändert, denn in dem mir zugesandten Abdruck änderte er das Wort überall in Proventriculus um.

sich kugelförmig und biegt sich dabei rechtwinklig ventralwärts um. Die Ränder dieser Erweiterung schlagen sich nach innen ein, wobei sie ein hohes, dickes Zylinderepithel bekommen (p), welches fast wie das einer „Imaginalscheibe" aussieht. Zu gleicher Zeit dringt eine Fortsetzung des Oesophagusepithels an der Verbindungsstelle (x) des Oesophagus mit dem Proventriculus in den letzteren hinein, faltet sich ebenfalls im ganzen Umfange (y und $y1$) und verbindet sich endlich bei z und $z1$ mit dem Epithel des Mitteldarms, sodaß der Vormagen an seiner ventralen Seite vier Epithelschichten zeigt. Zwischen diesen Schichten liegen schmale Spalträume, während in der Mitte eine große Höhlung (pv) ist, der Anfang des Mitteldarms. Am besten ist dies aus einem medianen Längsschnitt zu ersehen (Fig. 55). Bei der Kleinheit des Objektes und seiner durch Muskelkontraktion bedingten oft nicht genau medianen Lage gelingt es jedoch fast nie, einen rein medianen Schnitt zu erhalten, sodaß man aus zwei bis drei Schnitten kombinieren muß, wie es in Fig. 55 geschehen ist. Die linke Seite der Figur stellt die Kopfseite, die rechte die abdominale Seite dar, oben ist dorsal, unten ventral. Der Oesophagus (oe) zeigt seine Schichten aus cuticularer Intima, Epithel (ep), Längsmuskeln (ml) und Quermuskeln (mr), so wie hier und da einen peritonealen Überzug (per). Er geht in derselben Weise als Gang zum Kropf (dkr) weiter. Bei x hat nun dieser Kanal eine Öffnung in den Proventriculus (pv), sein Epithel schlägt sich um und macht bei y und $y1$ eine Falte, die — an sich ringförmig — hier im Längsschnitt zweimal getroffen ist. Vom Proventrikel (pv) aus geht der Vorderdarm ($d1$) in die hinteren Teile des Thorax und zum Abdomen. Wir sehen, daß sein Epithel sich am Proventrikel erweitert und umschlägt, ein dickes ringförmiges, hier zweimal durchschnittenes Polster bildet (p und $p1$), und sich bei z und $z1$ mit dem vom Oesophagus abstammenden Epithel verbindet. Der Vorderdarm $d1$ hat im Gegensatz zum Oesophagus innere Ring- (mr) und äußere Längsmuskeln (ml). Auch hat er einen peritonealen Überzug (per), der besonders am Polsterring (p) hervortritt. In dem Lumen des Proventriculus sowohl als auch in den ringförmigen Spalten zwischen den Falten desselben liegen ungefärbte feine und gefaltete Häute (pm), die später zu erwähnende „Peritrophische Membran." An der Verbindungsstelle (x) nimmt die Falte des Epithels einen Ring von Fettzellen (F), einen Sphincter (ms) und auch noch einige radiär gestellte Muskelfasern (dlt) auf, die als Dilatatoren der Verbindungsöffnung wirken. Diese letzteren Verhältnisse sind genauer auf dem in Fig. 56 dargestellten Schnitte zu ersehen. Die erwähnten „Fettzellen" (Fig. 55, 56, F), die in dem Spaltraum am Eingang in den Proventrikel liegen, haben ein eigenartiges schwammiges Protoplasma und mehrere Kerne. Sie sind auch in der Aufsicht (Abb. 20) als geschlossener Ring (F) sichtbar. Wahrscheinlich handelt es sich um einen elastischen Ring, der den ganzen Proventrikel etwas expandiert hält, eine Art von Skelett. Möglicherweise haben auch die großen Zellpolster (Fig. 55, 56, p) eine ähnliche Bedeutung. Vielleicht dienen sie aber auch nur als Ventilstempel. Sie bestehen aus hohem Zylinderepithel, das aus den enorm verlängerten Epithelzellen des Vorderdarms gebildet ist. Ihr Protoplasma färbt sich stets sehr dunkel, die Kerne liegen an der Innenseite, und nach dem Innern ist das Polster, wie überhaupt der ganze Darm, von einer hyalinen, den Farbstoff nicht annehmenden Intima begrenzt, die auch hier wahrscheinlich dann und wann abgelöst wird und die peritrophische Membran (Fig. 55, *pm*) bildet.

Nach obigem sind nun die Querschnitte durch den Proventriculus (Fig. 57, 58) ohne weiteres verständlich. Fig. 57 ist durch die Verbindungsstelle (*x*) zwischen Oesophagus (*oe*) und Proventrikel (*pv*) geführt, Fig. 58 weiter abwärts, wo der zum Kropf führende Gang (*dkr*) isoliert ist. Bei diesem Präparate hatte, wie das bisweilen je nach dem Kontraktionszustand der Fall ist, der Vorderdarm (*d*1) ein nach vorne gehendes Divertikel, eine Art von Blindsack, der auf den Schnitten mitgetroffen ist.

Auch die Wandungen des Proventrikels haben ausgebildete Muskulatur, wenn ich sie auch im einzelnen nicht nachgewiesen habe. Bisweilen ist nämlich das Organ, wie in Fig. 57 und 58, stark kontrahiert, bisweilen, wie in Fig. 59 dargestellt, enorm ausgedehnt. Auch die Fig. 41 und 42 zeigen diesen Zustand, der anscheinend beim Beginn des Saugens eintritt. Der Schnitt Fig. 59 ist etwas unterhalb vom Austritt des Kropfganges (*dkr*) geführt, der hier einen Sphincter durch starke Ausbildung seiner Ringmuskulatur aufweist.

Im Proventrikel — um das hier vorauszuschicken — und besonders in den schmalen Falten desselben, findet man bei infizierten Tieren oft *Trypanosomen*.

Bei *Stomoxys* sp. von Amani konnte ich einen ganz gleichgebildeten Proventrikel nachweisen (Fig. 60). Der Oesophagus machte hier eine kleine Krümmung und ist demnach im Schnitte zweimal getroffen. Der Proventrikel bei *Stomoxys* liegt bedeutend weiter nach vorn im Thorax als bei *Glossina*, ein Stück vor dem Brustganglion, während bei *Glossina* das hintere Ende des Proventrikels und das vordere des Brustganglions in einer Höhe liegen.

Der Proventriculus oder Vormagen, den man in der Literatur auch bisweilen unter dem Namen „Kaumagen" bezeichnet findet, und den die Franzosen *„gesier"*, die Engländer *„gizzard"* nennen, ist unter den Insekten weit verbreitet. Nach Henneguy (40) ist er am stärksten bei solchen Insekten entwickelt, die wie *Locustiden*, *Grylliden*, *Mantis*, *Carabiden*, *Dytiscus*, *Scolytus* u. a. von harter Nahrung leben. Er hat dort „Kauleisten" in seinem Inneren, meist sechs an der Zahl. Denkbar ist, daß er hier auch tatsächlich bei der Zerkleinerung der Nahrung mitwirkt. Miall und Denny (64) nehmen an, daß er auch bei solchen Tieren nicht zum Kauen, sondern nur zum zeitweiligen Zurückhalten der Nahrung dient, die dort unter dem Einfluß des Speichelsekrets einem Verdauungsprozeß unterliegt. Emery (25) glaubte, daß er als Pumporgan dient. Die meisten Autoren aber, wie z. B. Plateau, Bordas (15, 16), Vaney (92), sehen ihn als eine Klappe oder einen Ventilapparat an. Auch von anderen Fliegen ist er bekannt. Ich finde ihn von Vaney (92) für die Larve von *Tanypus* beschrieben, von Lowne (58) für *Calliphora*, von Christophers (10) und anderen für *Culiciden*, von Weismann für *Musca*. Letzterer erörtert, ob ihm nicht eine Drüsennatur zugeschrieben werden könne. In der Tat sehen die „Polster" ja etwas wie Drüsen aus. Lowne hält das Organ möglicherweise für eine Pumpe, wahrscheinlich aber für einen Kaumagen, jedoch bezeichnet er es einfach als Proventriculus.

Der Aufbau des Proventriculus mit seinem Sphincter und Dilatator am Eingang, und mit dem Sphincter am Austritt des Kropfganges aber läßt es im höchsten Grade wahrscheinlich erscheinen, daß es sich in erster Linie um einen Klappenapparat, ein Ventil handelt, durch das der Zufluß des gesogenen Blutes einerseits zum Darm, andererseits zum Kropf geregelt wird. Wie das Organ mechanisch zum Saugen dienen soll, ist mir nicht verständlich. Früher in meiner vorläufigen Mitteilung (91) nahm ich an, daß in dem Proventriculus die peritrophische Membran (der Trichter Schneiders) gebildet würde. Ich glaube nach genauerem Studium jetzt aber, daß diese nicht nur hier, sondern auf der ganzen Innenfläche des Darmes periodisch abgesondert wird.

c) Mit dem Namen **Kropf** bezeichne ich den großen dünnwandigen Sack, der ventral im vorderen (meist linken) Teile des Hinterleibes der Fliege liegt. Er ist von Sander und Minchin bei *Glossina* seiner Form und Lage nach beschrieben. Von manchen Autoren wird das Gebilde als „Saugmagen" („Jabot" der Franzosen, „Sucking-stomach" der Engländer) bezeichnet. Der Kropf (*kr*) ist ein äußerst zartwandiger Sack, der in allen seinen Bestandteilen die direkte Fortsetzung des Ganges (*dkr*) bildet, der in der Verlängerung des Oesophagus vom Proventriculus nach hinten geht (vergl. Textabb. 18). Im Thorax liegen Mitteldarm und Drüsengang sowie die Speicheldrüsen und die dorsale Wand des Brustganglions bezw. des zentralen Nervensystems in einem großen Blut-Sinus.

Der Mitteldarm dorsal, der Kropfgang ventral ziehen nebeneinander liegend sich ziemlich geradlinig als dünne Schläuche durch den Thorax, seitlich von den Speicheldrüsen begleitet. Alle diese Organe liegen ventral von den mächtigen Flügelmuskeln. Der **Kropfgang** besteht, ebenso wie der Oesophagus, aus einer verhältnismäßig kräftigen Chitin-Intima, die meist stark gefaltet ist, aus einem sehr dünnen Epithel, das in diese Falten eindringt, aus inneren Längs- und äußeren Quermuskeln. Fig. 61, Taf. III zeigt den Querschnitt des Ganges (*dkr*) aus dem hinteren Teil des Thorax, stark kontrahiert und aus den oben geschilderten Schichten bestehend, unter denen die Ringmuskulatur (*mr*) besonders stark ausgebildet ist. Umhüllt ist er von einer Peritonealschicht (*per*). Daneben liegt ein Stück des Vorderdarmes (*d* 1). Bisweilen ist der Gang sehr stark expandiert und dann so dünnwandig, daß man seine Teile nicht unterscheiden kann. Aus dem Umstande, daß in derselben Fliege Teile des Ganges stark kontrahiert, andere aber expandiert sind, glaube ich schließen zu können, daß auch hier eine peristaltische Bewegung stattfindet. Der **Kropf** selbst besteht aus einer äußerst feinwandigen, hyalinen Haut, die im leeren Zustande gefaltet ist. Mit Blut gefüllt kann sie bisweilen, d. h. kurz nach dem Saugen der Fliege, ein Drittel und mehr vom Volumen des Hinterleibes einnehmen. Fast ausnahmslos ist in dem Kropf eine ziemlich große Gasblase enthalten, die man durch die Körperchitinbedeckung durchscheinen sieht und die bei vollgesogenen Tieren wie die Blase in einer Libelle umherspielt (Textabb. 1). Auf diese Blase kommen wir später zurück. Der Kropf besteht aus einer offenbar elastischen Chitin-Intima (*ch*) und einer sehr dünnen Epithellage (*ep*), auf der außen unregelmäßig verteilte gestreifte Muskelfasern (*m*) — wie auch Minchin dies nachträglich handschriftlich zugibt, während er in seiner vorläufigen Mitteilung nur von ungestreiften Muskeln spricht — sowie verästelte und anastomosierende Fasern (*d*) liegen. Fig. 61 stellt diese Verhältnisse dar. In einer eben erst ausgekrochenen Fliege und wohl auch in der reifen Puppe ist der Kropf stärker ausgebildet (Fig. 63). Seine Cuticula (*ch*) ist stark und mannigfach gefältelt, die Muscularis (*m*) stark entwickelt, und die Epithelzellen sind wie bei dem kontrahierten Oesophagus in die Falten der Cuticula hineingezogen. Es scheint mir, als ob der Kropf in der Larve eine bedeutendere Größe hat als beim Imago, ja das er in erster Linie ein Larvenorgan und bei der Fliege nur von untergeordneter Bedeutung ist. Ich habe zwar die Larven nicht eingehend studiert, doch glaube ich, daß das große, stets mit Plasma gefüllte, sackförmige Organ, das einen großen Teil der Leibeshöhle ausfüllt, als Kropf zu deuten ist.

Der Kropf (oder Saugmagen) ist nach Henneguy (40) besonders stark bei den Insekten entwickelt, die von fester Nahrung leben (Locustiden, Coleopteren usw.). Bei den Bienen ist er das Reservoir, in dem die Nahrung in Honig verwandelt wird. Bei den Neuropteren (z. B. *Myrmeleon*, *Hemerobius*) liegt der Kropf nicht median, sondern ist einseitig, meist rechts entwickelt. Auch bei vielen saugenden Insekten ist der Kropf stark entwickelt, z. B. bei den Dipteren und Lepidopteren. Bei letzteren enthält er fast nur Luft. Der Kropf wird bei Dipteren von Lowne (58), Prowazek (74), Sander (83), Minchin (66) und anderen, bei Mücken von Grassi (36), Christophers (20), Nuttal und Shippley (71) und Schaudinn (84) beschrieben. Fast überall wird die darin enthaltene Luftblase erwähnt, ebenso, daß er zeitweise Nahrung aufnimmt. Früher hielt man dies Gebilde für einen Saugmagen. Saugen kann er seiner ganzen Konstruktion nach gar nicht. Schon Loew (57) hat im Jahre 1843 den Kropf als Reservoir für reichlich eingenommene Nahrung gedeutet und betont, daß er bei den neu ausgeschlüpften Fliegen (*Bombylus*) ohne Inhalt, auch ohne Luft sei. Wenn das Tier wenig Nahrung aufnimmt, geht sie direkt in den Darm, bekommt es viel, so wird auch der Saugmagen gefüllt. Plateau glaubt, daß im „Jabot" durch Speichelwirkung Glukose gebildet wird. Das kann ja natürlich manchmal der Fall sein. Da aber die gesogene Nahrung meistens direkt in den Darm kommt, und nur selten in den Kropf, glaube ich, daß die Verdauung in ihm nur nebensächlich einmal sich abspielen kann. Der Hauptsache nach ist bei *Glossina* der Kropf ein Reservoir für reichlich genossene Nahrung und muß demnach so und nicht als Saugmagen bezeichnet werden. Auf die darin enthaltene Gasblase komme ich später zurück.

d—f) Der **Darm** von *Musca* ist von Weismann, Lowne (58), Prowazek (74) und anderen, der von *Glossina* von Sander (83) und Minchin (66) beschrieben worden. Letzterer schildert seine Gestalt und Lage bei *Gl. palpalis* sehr ausführlich, so daß ich auf seine von Zeichnungen begleitete Arbeit verweisen kann. Zur Orientierung dienen die in den Textabb. 18 und 21 wiedergegebenen Skizzen.

Bei hungrigen Tieren ist der Darm durch Sektion schwer zu studieren, man kann ihn dann nur an Schnitten untersuchen; besser eignen sich zur Erlangung einer Übersicht vollgesogene Tiere, in schwachem Alkohol präpariert. Man findet da, daß der Darm gleich nach Eintritt in den Hinterleib sehr erweiterungsfähig ist; er läuft zuerst am Rücken ein Stück nach hinten bis etwa zur Mitte des Hinterleibs. Das abwärts gehende Stück bezeichne ich als **d) Vorderdarm** (d1). Dann wendet er sich nach rechts, darauf quer ventral über den Leib nach links, nochmals nach rechts und wiederum aufsteigend nach links. Diese verschiedenen Schlingen, die ich als **e) Mitteldarm** (d2) bezeichnen möchte, nehmen in erster Linie das neu gesogene Blut auf. Besonders die ersten derselben sind enorm ausdehnungsfähig und können demnach, wie Minchin bemerkt, als „Magen" bezeichnet werden. Die Lage dieser Schlingen verändert sich stark nach dem Kontraktions- und Füllungszustand des Darmes, vielleicht auch nach den Individuen und Arten. Minchin z. B. fand bei *Gl. palpalis* einige Krümmungen mehr und unterschied im ganzen, einschließlich Vorder-, Hinter- und Enddarm, 13 Schlingen. Da die Funktion und der anatomisch-histologische Aufbau der Schlingen, die ich als Mitteldarm bezeichnete, ganz einheitlich ist, scheint mir auch gleichgültig, wie diese Schlingen liegen und ob einige mehr oder weniger vorhanden sind. Die letzte Darmschlinge, bis zum Eintritt der Malpighischen Gefäße, ist weit weniger erweiterungsfähig als die ersteren, ihre Wandung scheint beim frischen Präparat dicker, ihr Inhalt besteht nie aus rotem, unverändertem Blut, sondern stets aus verfärbten, zersetzten Massen. Wir bezeichnen diesen histologisch und physiologisch von den anderen Teilen verschiedenen Abschnitt als **f) Hinterdarm** (d3).

Von der Einmündung der Malpighischen Gefäße an beginnt der **g) Enddarm** (rt), der bedeutend dickwandiger ist und ein kleineres Lumen hat. Er steigt nach einer kurzen Schlinge hinunter zum Hinterende des Körpers, wo er kurz vor der Einmündung in die **h) Rektalblase** (rb) eine Klappe hat. Sander (83) bezeichnet diesen Teil als „Nachdarm"; seine Funktion und sein Aufbau aber zeigen, daß es kein Gebilde des mesodermalen Mitteldarms ist, sondern der ektodermale Enddarm, den man auch allgemein von der Einmündung der Malpighischen Gefäße an rechnet. In die dünnwandige Rektalblase ragen vier große sog. *Rektalpalpillen* hinein. Ein kurzes, dünnes Endstück, das von Muskeln fast ganz geschlossen ist, führt zum After, der beim Weibchen am Körperende, beim Männchen am Hypopygium liegt. Er ist begleitet beim Männchen von dem Ausführungsgang der Geschlechtsorgane, beim Weibchen von der Vulva.

Der ganze Darm ist umgeben von einem feinen Netzwerk, in das die Fettkörperzellen eingelagert sind. Beim hungrigen Tiere liegt der Darm der Dorsalseite des Hinterleibes an, bezw. in der Leibesspitze, während der Hohlraum des Leibes durch den lufthaltigen Kropf, die Tracheen usw. ausgefüllt ist. Bei dem vollgesogenen Tiere sind die Darmschlingen im Hinterleib verteilt, der dann enorm ausgedehnt ist (Abb. 1). Der Kropf ist dann an die vordere ventrale rechte Seite des Hinterleibes gerückt.

Will man den Darm zum Zwecke der Trypanosomen-Untersuchung präparieren, wobei man möglichst wenig Flüssigkeit (besser Blutserum als $^3/_4$ %ige Kochsalzlösung) benutzt, so schneidet man die Hinterleibsspitze ab und preßt den Hinterleib, worauf die Därme in einem Klumpen hervortreten. Diese kann man dann unter dem Präpariermikroskop leicht entwirren, wobei man den engen, mit ganz zersetztem Blut gefüllten Hinterdarm sowie den Enddarm leicht auffindet, welch letzterer lange Zeit peristaltische Bewegungen macht und fast immer mit gelblich-weißer Harnsäure-Masse gefüllt ist.

Bei der vollgesogenen *Gl. fusca* ist der Vorder- und Mitteldarm zusammen — mit Blut gefüllt — 14 mm lang, vom Hinterleibsstiel an gerechnet, der Hinterdarm 7 mm, der Enddarm $8^1/_2$ mm, das Rectum $1^1/_2$ mm und die Rektalblase $2^1/_2$ mm lang.

Die topographische Lage der Hinterleibsorgane läßt sich am besten an Schnitten studieren, von denen ich in Fig. 64—69 auf Taf. III eine Anzahl bei schwacher Vergrößeruug (16 mal) abbilde. Die Schnitte stammen von einer vor kurzem ausgekrochenen *Gl. tachinoides*, bei der der larvale Fettkörper noch stark entwickelt ist. Die dorsale Körpermitte ist an der Lage des Herzens (*hz*) zu erkennen. Mit Hilfe der Figurenerklärung werden die Schnitte ohne weiteres verständlich sein. Schon bei dieser schwachen Vergrößerung sieht man, wie auffallend sich der Vorder- und Mitteldarm (*d*1 und *d*2) vom Hinterdarm (*d*3) und vom Enddarm (*rt*) unterscheidet. In Fig. 68 ist die Klappe (*kl*) getroffen, die am Anfang des Enddarmes sitzt.

Betrachten wir uns nun die einzelnen Teile des Darmes:

d) Der **Vorderdarm** zeigt schon gleich am Austritt aus dem Proventrikel (Fig. 55, Taf. II) die für alle endodermalen Darmteile der Insekten charakteristische Anordnung der Muskulatur, d. h. im Gegensatz zum ektodermalen Oesophagus sind die Quermuskeln innen und die Längsmuskeln außen gelegen. Fig. 70 Tafel III zeigt diese Anordnung deutlich in einem Schnitt durch den Vorderdarm von *Gl.*

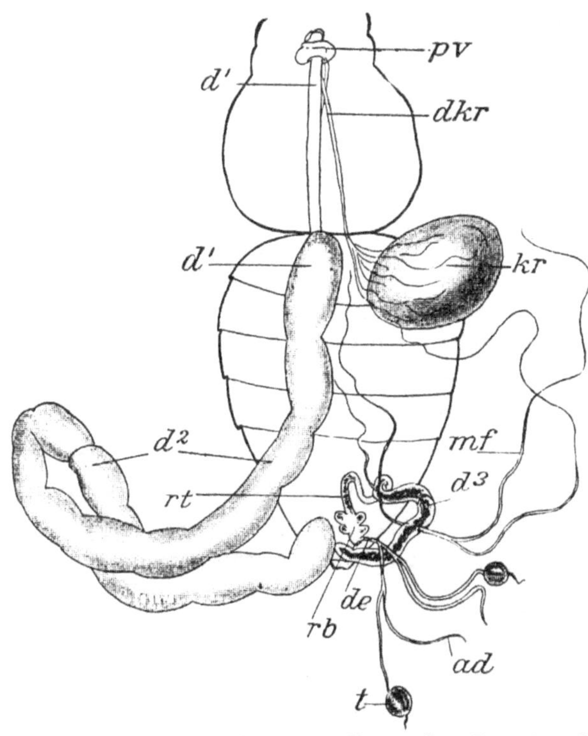

Abb. 21. Schematische Darstellung des Darmkanals einer männlichen *Glossina* nach dem Herauspräparieren des gefüllten Darmes. *pv* Proventriculus, *d*1 Vorderdarm, *d*2 Mitteldarm, *d*3 Hinterdarm, *mf* Malpighische Gefäße, *rt* Enddarm, *rb* Rektalblase, *t* Hoden, *ad* Anhangsdrüsen, *de* Ductus ejaculatorius, *dkr* Gang zum Kropf, *kr* der mit Luft gefüllte Kropf.

tachinoides im Thorax. Die Epitelzellen sind je nach dem Kontraktionszustand des Darmes mehr oder weniger kubisch oder auch ganz flach. Ihre Innenfläche ist fast stets mit einer feinen, hyalinen Cuticula bekleidet. Nach dem Eintritt in den Hinterleib liegt der Darm zunächst an der dorsalen Körperwand, dicht ventral vom Herzen (Fig. 108, Taf. III). Dieser Teil unterscheidet sich kaum von dem im Thorax gelegenen. Häufig findet man die Epithelzellen palisadenartig angeordnet und an der Innenhälfte, oft fast bis zur Basis voneinander getrennt. Dieser Darmabschnitt kann sich beim vollgesogenen Tiere nicht stark ausdehnen, dient also im allgemeinen nur zum Transport des gesogenen Blutes zum

e) Mitteldarm, der sich wie eine elastische Gummiblase um das Vielfache seines

Volumens ausdehnen kann. Bei der hungrigen Fliege liegen nur einige seiner Teile im Rücken des Mitteldarmes und die große Masse liegt in der Hinterleibsspitze. Es ist ein einfacher, dünnwandiger Schlauch ohne eine Spur von Krypten, Zotten oder dergleichen. Seinen peritonealen Überzug kann man nicht überall nachweisen, doch ist er offenbar vorhanden. Außen liegen feine, in regelmäßigen Abständen gleichmäßig über den ganzen Darmumfang verteilte quergestreifte Längsmuskeln, die stets recht deutlich sind, und darunter ebenfalls quergestreifte Ringmuskeln, die bei ausgedehntem Darm sehr dünn sein können. Das Epithel scheint eine sehr feine, basale Tunica propria zu haben, die aber kaum direkt nachweisbar ist. Nur dort, wo die Muscularis sich vom Epithel zufällig abgehoben hat, zeigt die Basis des Epithels durch ihre scharfe Begrenzung, daß wohl eine Tunica vorhanden sein wird. Das Epithel des Mittel-darmes sieht je nach der Tätigkeit desselben recht verschieden aus. Bei der hungrigen Fliege, wo das Darmepithel also ruht, sind seine Zellen mehr oder weniger kubisch, an der Innenfläche etwas vorgewölbt. Das Protoplasma, welches sich mit Hämatoxylin dann nicht so stark färbt, zeigt spongiösen Aufbau, der Kern ist groß, stark gefärbt und hat meist mehrere Kernkörperchen (Fig. 71, Taf. III). Manchmal ist das Epithel auch mehr palisadenförmig angeordnet und seine Zellen sind am freien Teile, oft auch ganz voneinander getrennt (Fig. 73). Ich nehme an, daß dieser Zustand zum Teil auf die Präparation zurückzuführen ist. Auch auf den Figuren 84—88 sind diese ruhenden Epithelzellen zu sehen. In der Fig. 73 habe ich einen Schnitt von einem ruhenden Epithel dargestellt, wo die Innenteile der Zellen voneinander getrennt sind und spongiöses Plasma haben, die basalen Teile aber ein viel dichteres, sich dunkler färbendes Plasma zeigen. Ich nehme an, daß hier die Ruhe nach der Verdauung noch nicht völlig eingetreten ist. Überall sieht man an der Innenseite der Zellen bei dem ruhenden Epithel eine mehr oder weniger starke Cuticularschicht aufliegen. Es ist dieselbe Cuticula, die wir schon im Proventriculus kennen lernten. Sie liegt dem Zellplasma fest an (Fig. 71, 73). Niemals konnte ich an ihr eine Streifung oder sonst eine Struktur erkennen, auch nicht mit stärkster Vergrößerung. Im ganzen Darm konnte ich nicht den bei anderen Insekten vielfach nachgewiesenen „Stäbchensaum" der Darmepithelzellen finden.

Untersuchen wir nun einen gefüllten Darm. Wir finden da teils Bilder, die in Fig. 74, Taf. III dargestellt sind und offenbar aus dem Anfang der Verdauung stammen. Die Cuticula hat sich abgehoben, der Raum zwischen ihr und dem Epithel ist mit feinkörnig geronnenem Plasma erfüllt, während das Darmlumen innerhalb der peritrophischen Membran mit einer großen Masse von Blut, die hier nicht gezeichnet ist, angefüllt war. Der Innenteil der Epithelzellen ist dicht und dunkel gefärbt, während der Außenteil blaß und schwammig aussieht. Die blassen, blasigen Zellkerne haben ein deutliches Netzwerk, ein größeres zentrales und mehrere kleine, seitlich ge-legene Kernkörperchen. An anderen Stellen (Fig. 75) färbt sich das ganze Zellplasma mit Hämatoxylin so dunkel, daß man nur mit Mühe und auf sehr dünnen Schnitten die blasigen, dunklen und mit nur einem Kernkörperchen ausgestatteten Kerne sehen kann. Auch hier erscheint die Cuticula abgehoben. Die Zellgrenzen sind nur schwer erkennbar, stellenweise wohl sogar miteinander verschmolzen. Oft wechseln in demselben Schnitt durch eine Darmschlinge diese hellen und dunklen Stellen miteinander ab. An anderen Punkten des gefüllten, in Tätigkeit begriffenen Darmes hat das Epithel, dessen Cuticula ebenfalls fehlt, ein anderes Aussehen; das Plasma ist blaß und erfüllt von einer Menge von Vakuolen, die besonders dicht um den Kern liegen. Diese Vakuolen sehen im Präparat genau so aus, wie die der außerhalb des Darmes liegenden Fettkörperzellen. Ich möchte annehmen, daß es Tröpfchen waren irgend einer Substanz, welche durch die Konservierungs- und Präparierungsmittel aufgelöst wurden. Die Fig. 74 und 76 sind aus dem Mitteldarm derselben Fliege entnommen.

Fertigt man Schnitte durch den zusammengezogenen tätigen Darm, den man erhält durch Herauspräparieren des gefüllten Darmes aus der Fliege in Kochsalzlösung und Ausfließenlassen des Blutes, sowie darauf folgende Härtung, so erscheinen Bilder, wie sie auf Fig. 77 dargestellt sind. Infolge der Darmkontraktion sind die Zellen palisadenförmig geworden, zeigen aber im übrigen denselben Zustand wie bei Fig. 76. Endlich· findet man auch Bilder, wie sie Fig. 78 zeigt, wo das Zellplasma des Epithels dunkel, die Kerne kaum erkennbar sind (Fig. 75); die Cuticala ist abgelöst, und der Raum zwischen ihr und dem Epithel mit feinkörnig geronnenem Plasma ausgefüllt. An der Oberfläche der Epithelzellen aber scheidet sich eine ganz feine, neue Cuticula ab (an der oberen Zellreihe der Zeichnung).

Untersucht man den frischen Darm in Kochsalzlösung oder Rinderblutserum, so sieht man ebenfalls im ruhenden Darm die kuppelförmig vorspringenden Epithelzellen mit ihrem durchsichtigen Cuticularbelag, ihr Plasma ist blaßgelblich. Beim gefüllten Darm dagegen beobachtet man keine Cuticula, wohl aber zahllose, fettartige Tröpfchen im Zellplasma.

Es ist schwer zu entscheiden, welche verschiedenen physiologischen Zustände sich in obigen verschiedenen Bildern dokumentieren, ebenso schwer ist es zu sagen, ob einzelne Teile des Mitteldarms immer die eine Sorte von den eben beschriebenen Zellzuständen, die übrigen aber eine andere bekommen. Es scheint mir jedoch, daß keine besonderen Darmstellen für einzelne der Zellzustände prädisponiert sind, sondern daß vielmehr sie hintereinander die verschiedenen Stadien der physiologischen Funktion des Darmes darstellen, wobei auf das Ruhestadium (Fig. 71, 73) der Zustand der Assimilation oder Sekretion (Fig. 74, 76, 77) und darauf (Fig. 75, 78) eine Verarbeitung des aufgenommenen Materials folgt. Da, wie wir weiter unten sehen werden, unzweifelhaft die Resorption der Nahrung meistenteils im Hinterdarm vor sich geht, da außerdem im Mitteldarm das Blut sich allmählich aus dem frischroten Zustand um· wandelt in eine schmierige Masse von grünlicher Farbe, ohne übermäßig viel von seiner Masse einzubüßen, und da endlich die Speicheldrüsen schwerlich alles Sekret, das für die Verdauung erforderlich ist, liefern können, so nehme ich einstweilen an, daß der Mitteldarm die Nahrung aufspeichert, seine Zellen die flüssigen Teile des Blutes bald resorbieren, zugleich aber auch ein Sekret absondern, das die Zersetzung des Blutes bewirkt. Ich komme hierauf weiter unten zurück. Es scheinen mir Fig. 75 und 78 die Sekretions-, Fig. 76 und 77 die Resorptionszustände der Zellen darzustellen. Man kann bei dieser Annahme sich darauf stützen, daß die meisten Autoren über die Histologie des Insektendarmes wie Frenzel (28,29), Mingazzini (66a), Adlerz (1),

Claus (21), Voinov (96,97) die Ballen in den Epithelzellen für Sekrete ansehen. Andererseits aber ist es wahrscheinlicher, daß die Cuticula (Fig. 74, 75) sich ablöst, wenn die Zellen sezernieren. In diesem Falle würden die Ballen in den Zellen (Fig. 76, 77) nicht Sekrete, sondern assimilierte Nahrung darstellen, wohl ähnlich wie die von Biedermann (10) beschriebenen Kristalloide in den Darmzellen. Vignon (94) hält die von Anderen beschriebenen Sekretzellen überhaupt für Kunstprodukte. Ich möchte demnach diese Frage offen lassen, neige aber zu der Ansicht, daß die Ballen in den Zellen assimilierte Nahrungsstoffe sind.

Bei eben ausgeschlüpften Fliegen (Fig. 79—81) konnte ich keine Cuticula an den Darmzellen finden. Fig. 79 stellt das Epithel aus dem vorderen Darmabschnitt mit anliegender großer embryonaler Fettkörperzelle dar, Fig. 80 ein Stück aus dem Mitteldarm, wo die Enden der Zellen in einer Schleimschicht liegen, in der sich noch unverbrauchte Reste des larvalen Darminhalts (Meconium) finden, und endlich Fig. 81 ein Stück aus einem weiter hinten gelegenen Darmabschnitte, wo die Zellen ebenfalls die Ballen aufweisen.

Ähnliche Ballen findet man auch in den Darmzellen der Larven (Fig. 82, 83), nur sind sie dort so massenhaft, daß sie meist den ganzen Zellkörper ausfüllen. Die Zellen selbst sind je nach der Ausdehnung des Darmes höher (Fig. 82) oder ganz flach (Fig. 83). Es nimmt diese enorme Anhäufung von Nährstoffen in den Darmzellen der Larve kein Wunder, wenn man bedenkt, daß der ganze voluminöse Darm der Larve stets prall mit einem plasmatischen Nahrungsbrei gefüllt ist, der unzweifelhaft von den Anhangsdrüsen der weiblichen Genitalorgane geliefert wird und wahrscheinlich zum großen Teil aus leichtverdaulichem Eiweiß besteht.

Niemals konnte ich im Mitteldarm von *Glossina* verschiedenartige Zellen finden, wie sie bei anderen Insekten von vielen Autoren beschrieben sind. Weder Schleimzellen, noch Becherzellen, noch besondere Krypten kommen vor. Erklärlich wird dies durch die äußerst homogene Nahrung der *Glossina*, die ja nur aus Blut besteht. Auch Voinov (96,97) nimmt bei den Larven von *Aeschna* an, daß dieselben Darmzellen sezernieren und resorbieren können, daß also nur eine Sorte von ihnen vorhanden ist.

Die oben beschriebene Cuticula scheint mir homolog dem vielbeschriebenen „Stäbchensaum“ der Insektendarmzellen zu sein. Wir sahen (Fig. 74, 75, 78), daß die Cuticula sich abhebt, wenn der vorher ruhende Darm zu funktionieren beginnt und daß später (Fig. 78) eine neue Cuticula sich auf den Zellenden wieder bildet. Wir sahen auch schon bei der Beschreibung des Proventriculus, daß in seinem Lumen stets hyaline, gefaltete Membranen (Fig. 55 *pm*), liegen. Es ist dies die zuerst von Balbiani (6) so genannte **„peritrophische Membran“.** Wenn man bei der Präparation unter Wasser den Fliegendarm zerreißt, so quillt der aus breiartigem Blut bestehende Inhalt in Form einer Wurst heraus, die in eine lückenlose, sehr feine, durchsichtige Membran eingehüllt ist. Erst nach dem Zerreißen dieser Haut kommt das Blut zum Vorschein. Ein so ausgetretener Darminhalt kann sogar eine intakte Darmschlinge vortäuschen. Der Darminhalt ist stets in diese Membran eingeschlossen, zwischen ihr und dem Darmepithel findet sich nur seröses, feinkörnig gerinnendes Plasma sowie Schleim, worin mit Vorliebe die *Trypanosomen* leben

(Fig. 146—148). Man nimmt allgemein an. daß diese fast bei allen Insekten gefundene peritrophische Membran verhindern soll, daß die zarten Darmwandungen mit den Nahrungsmassen direkt in Kontakt kommen. Da bei Blutsaugern der Darminhalt stets nur ein weicher Brei ist und dem Epithel kaum schaden kann, so bleibt die Funktion der Membran einstweilen unklar, denn bei *Glossina* kann sie unmöglich das Epithel vor mechanischen Schädigungen schützen sollen. Wahrscheinlich spielen hier osmotische Vorgänge eine Rolle. Offenbar wird mit dem Fortschreiten der Verdauung die Membran nach hinten gefördert und schießlich ausgestoßen. Während der Ruhe des Epithels wird später auf ihm eine neue Membran abgesondert, die bei dem Beginn der Epithelfunktion, d. h. beim Eintritt neuer Nahrungsmassen in den Darm, abermals abgehoben wird und nun wiederum die Nahrungsmassen einschließt. Im leeren Darm der hungrigen Fliege sieht man die Membran im Inneren zusammengefaltet liegen. Vom Proventriculus an bis zu der in den Enddarm führenden Klappe wird eine solche Membran gebildet; man sieht sie in allen Stadien auf dem Epithel liegen, in Ablösung begriffen und im Lumen des Darmes. Es ist für mich kein Zweifel, daß sie ein Ausscheidungsprodukt der Darmepithelzellen ist. Ich schließe mich darin der Meinung von Balbiani (6) an, der die Membran geradezu als ein Sekret des Mitteldarms bezeichnet, eine Auffassung, die auch von Anglas (2), Rengel (76—78), Schiemenz (85) geteilt wird. Einige Autoren wie v. Gehuchten (32), Cuénot (22), Verson & Quajat (93) halten die Membran für das Produkt von Drüsenzellen im Proventriculus, andere, wie Schneider (86) und Visard (95) glauben, daß sie die Fortsetzung der Chitinmembran des Vorderdarms nach hinten sei, Lowne (58) hält sie für eine netzartige muköse Hülle der Darmschleimhaut, die bei der Verdauung abgestoßen wird. Oudemans und Adlerz (1) halten sie für die Chitinintima des Mitteldarms, Moebusz (67) und Sommer (87) für die bei der Epithelgeneration des Darmes mit abgestoßene Basalmembran seines Epithels. Nazari (70) betont, daß die Membran vorn und hinten im Darm, wo keine Sekretion oder Resorption stattfindet, in Konnex mit der Intima stände, während Miall & Hammond (65) die Membran hinten frei endigen lassen. Letztere nehmen sogar an, daß der gelöste Nahrungsstoff nicht durch die Membran diffundiere, um zu dem Epithel zu gelangen, sondern daß er hinten am freien Ende der Membran austritt und von da durch die Kontraktion der Darmmuskeln wieder nach vorne geschafft wird (?). Nach der allgemeinen Ansicht scheidet der mesodermale Darm kein Chitin ab. Dies vorausgesetzt, können wir die peritropische Membran auch nicht als Chitin bezeichnen, sondern entweder als irgend ein Sekret der ruhenden Darmzellen, oder als den inneren Teil derselben, den modifizierten Stäbchensaum.

Nach den Untersuchungen von Frenzel (28, 29), Bizozzero (11, 12), Rouville (80), Rengel (76—78), Leger u. Dubosq (55) und vielen anderen unterliegt das Darmepithel der Gliedertiere einer Regeneration, und zwar geht diese entweder von den Krypten des Darmes aus oder von Zellen, die an seiner Basalmembran liegen und — je nach der Meinung der Autoren — primitive Epithelzellen oder Bindegewebszellen sind. Bei einigen Insekten soll das Epithel des Mitteldarmes sich geradezu periodisch häuten.

Bei *Glossina* habe ich nach ähnlichen Erscheinungen vollständig vergeblich gesucht. Die **Regeneration** findet hier anscheinend auf ganz andere Weise statt. Untersucht man den leeren Darm einer hungrigen Fliege, so sieht man in der im allgemeinen durchscheinend gelblichen Darmwand einzelne ganz unregelmäßig geformte und verteilte Stellen, an denen die Darmwand dick und weißlich undurchscheinend ist. Solche Stellen kommen vom Beginn des Mitteldarmes bis zu seinem Ende vor; nie fand ich sie im absteigenden Vorderdarm (*d1*) und auch nicht in dem Hinterdarm (*d3*). Die Stellen können 5—6 mm lange schmale Streifen bilden, die oft zu drei bis vier nebeneinander am Darmumfang liegen, bisweilen aber auch die Form von unregelmäßigen runden Flecken haben. Fast stets ist nur eine Region des Mitteldarms von diesen Flecken eingenommen, und dort kann die Hälfte bis zwei Drittel der Darmwand so verwandelt werden. Ich erinnere mich nicht, eine einzige Fliege gefunden zu haben, die nicht wenigstens Spuren dieser Erscheinung zeigte. Bei dem leeren Darm hungriger Fliegen ist sie am stärksten, bei vollem Darm weniger vorhanden. Macht man nun Schnitte durch diese Darmstellen, so sieht man, daß dort das Epithel um das drei- bis fünffache verdickt ist, die Zellen sind hoch, schmal und palisadenförmig geworden. Die Figuren 84—88 stellen solche Querschnitte vor. Alle sind vom leeren Darm hungriger Fliegen entnommen. Die enorm hyperblastischen Zellen sind viel dunkler gefärbt als die normalen Epithelien, ihr Kern liegt am unteren freien Ende der Zellen, ist im übrigen kaum verändert. Der Zellinhalt erscheint stark grob granuliert. Der Übergang der niedrigen zu den hohen Darmzellen ist oft ganz unvermittelt (Fig. 85, 86), oft aber ziehen sich eine oder zwei der niedrigen Zellen noch an den hohen hinauf (Fig. 87, 88). Bei genauerer Untersuchung kann man fast stets feststellen, daß ein Tracheenzweig in diese Zellpolster hineingeht und sich dort fein verzweigt (Fig. 88). Die Längs- und Quermuskeln sind über den verdickten Epithelien unverändert. Figur 86 ist aus einem infizierten Fliegendarm entnommen, in dem die *Trypanosomen* sichtbar sind. Schon bei der eben aus der Puppe ausgeschlüpften Fliege fand ich diese Epithelverdickungen (Fig. 89), ja sogar bei einer Puppe, in welcher die Fliege ziemlich weit entwickelt ist, kann man diese hohen Epithelien stets im Darme finden, während ich darnach bei der Larve vergeblich suchte. Das erste Auftreten derselben in der Puppe konnte ich aus Zeitmangel, und weil das Puppenmaterial für die Infektionsversuche dringend anderweitig gebraucht wurde, nicht feststellen.

Bei der vollgesogenen Fliege, wo der Darm sich enorm ausdehnt, und wo dadurch das Epithel ganz dünn ausgezogen ist, wird auch jenes hohe Epithel stark abgeflacht (Fig. 90), seine freien Ränder scheinen sich aufzulösen, die ganzen Zellen machen einen degenerierten Eindruck. Offenbar werden sie aufgelöst und abgestoßen, worauf das normale Epithel sich wieder zusammenschließt.

Untersucht man nun diese enorm vergrößerten Zellen auf dünnen geeignet gefärbten Schnitten mit den stärksten Immersionssystemen, so findet man, daß ihr Zellplasma vollgepfropft ist mit spindelförmigen oder stäbchenförmigen Gebilden, von etwa 3—5 μ Länge (Fig. 86—88, 91). Mit der Giemsaschen Azurfärbung werden diese Gebilde am besten sichtbar, doch kann man sie auch recht gut nach Färbung mit Glychhämalaun oder Eisenhämatoxylin beobachten. Bisweilen (Fig. 91) ist noch etwas Zellplasma von diesen Gebilden frei, meistens aber sind sie gleichmäßig über die ganze Epithelzelle verteilt, so daß vom Plasma nichts mehr zu sehen ist und der Zellleib fein gekörnt erscheint.

Diese selben Gebilde, nur etwas größer bis zu einer Länge von 9 μ, findet man nun ohne jede Ausnahme in dem Lumen des Darmes jeder *Glossina fusca* und *Glossina tachinoides*; die anderen Arten konnte ich darauf noch nicht untersuchen. Macht man in der bekannten Weise der Bakteriologen Ausstrichpräparate vom Darminhalt, härtet mit Alkoholäther und färbt (am besten mit Azur), so findet man zahllose, oft Millionen dieser Stäbchen. Bisweilen färben sie sich recht gut, häufig aber, besonders wenn man den Darm mit Zusatz von physiologischer Kochsalzlösung präparierte, zeigen sie sich gallertartig gequollen und schlecht gefärbt. Diese Gebilde sieht man nun in den vergrößerten Epithelzellen des Darmes liegen, oft findet man sie auch frei in dem Darminhalt in Klumpen, in welchen noch ein Kern des Darmepithels und ein wenig Plasma sich befindet (Fig. 150, Taf. IV), ebenso auch in den großen Klumpen von agglutinierten *Trypanosomen* (Fig. 151). Dies alles bestätigt die oben geäußerte Meinung, daß die vergrößerten Darmepithelzellen abgestoßen werden und sich auflösen unter Freiwerden dieser Gebilde. Ich konnte diese Verhältnisse nicht bis zur völligen Klärung verfolgen, bin aber zu der Überzeugung gelangt, daß diese Organismen bald nach ihrem Freiwerden aus den Epithelzellen aufgelöst werden, wohl bis auf einige noch nicht bekannte Dauerformen, welche dann, sobald der Darm wieder nach der Verdauung in Ruhe gekommen ist, neue Flecken des Darmepithels infizieren und sich ohne Zweifel auf bisher noch unbekanntem Wege auf die Nachkommenschaft der Fliege übertragen, denn sonst könnten sie nicht in der unausgekrochenen Fliege innerhalb der Puppe vorkommen.

In einem einzigen Falle fand ich auch eine dicht am Darm liegende Fettzelle mit diesen Gebilden infiziert.

In Fig. 93 auf Taf. III bilde ich einige dieser Organismen ab. Die am meisten vorkommenden Formen sind die mit *a, c, d, e* auf Fig. 93 bezeichneten. Ihr Chromatin ist in zwei Zonen angeordnet, nach Auftreten einer Zwischenzone von Chromatin (*b*) teilt sich der Organismus in der Querrichtung (*c*). Oft sieht man, wie in *d* und *e* abgebildet, Formen, die an einer Seite spitzer als an der anderen sind. Die Abbildungen *f* und *i* sind möglicherweise Entwickelungsstadien, Vermehrungs- oder Dauerformen. Bisweilen (Fig. 93*i*) ist das Chromatin in einem aus vier Chromosomen bestehenden Kern an einer Stelle konzentriert, doch fand ich solche Zustände sehr selten; weit häufiger sieht man an beiden Enden dieser Organismen Anhäufungen einer färbbaren Masse und zwei bis vier andere gefärbte Stellen, in der Mitte (Fig. 93*k*). Es kommen endlich recht häufig Formen zur Beobachtung (Fig. 93*l*), wo das Chromatin in meist vier paarigen Gruppen und je einem einfachen Körperchen an jedem Ende angeordnet ist.

Eine Zeitlang habe ich während der Untersuchung diese Organismen — denn um solche handelt es sich — für Entwicklungsstadien der *Trypanosomen* gehalten. Doch unterliegt es keinem Zweifel, daß dies nicht der Fall ist.

R. Koch fand diese Organismen zuerst und bezeichnete sie in Privatgesprächen immer als „*Symbionten*". Weil sie ausnahmslos in jeder *Glossina* vorkommen, glaubte er, daß es keine Parasiten seien, sondern Organismen, die in der Physiologie der Fliege eine gewichtige Rolle spielen. Ich konnte leider noch nicht andere blutsaugende Gliedertiere auf das Vorkommen ähnlicher Organismen untersuchen. R. Koch fand schon vor Jahren in Südafrika ganz ähnlich aussehende Wesen im Verdauungstraktus und auf den Eierstöcken von Zecken (*Rhipicephalus*), die das Texasfieber übertragen, und Oberarzt Dr. Kudicke zeigte mir solche aus den Ovarien einer Zecke in Amani. Demnach scheinen sie weiter verbreitet zu sein.

Es ist möglich, daß die von Blochmann (13) „Bacterioden" genannten Organismen, die er 1884 in den Follikeln und Eiern von Ameisen uud Wespen und in dem Darmepithel von *Camponotus* fand, mit oben beschriebenen verwandt sind. Soweit ich in der Literatur es finde, wurden ähnliche Organismen von Korschelt in den Fettkörperzellen von *Pieris*-Larven, von Blochmann in den Fettzellen von *Phylloderma*, von Cuénot in den Fettzellen von *Ectobia* und von Henneguy bei *Blatta* gefunden. Letzterer hält sie für Kristalloide. Denkbar ist auch, daß die von Escherich (26) im Darm von *Anobium panicum* gefundenen, von ihm als symbiontische Sproßpilze gedeuteten Organismen hierher gehören.

Diese Organismen sind noch viel zu wenig untersucht, um ihre Stellung im System auch nur annähernd angeben zu können. Ehe man sie nicht vergleichend und entwicklungsgeschichtlich studiert hat, ist das nicht möglich. Trotz der Querteilung sehen sie nicht aus wie Bakterien, und auch der Umstand, daß sie sehr leicht gallertartig werden und zerfließen, sowohl beim Zusatz von Flüssigkeiten als auch wahrscheinlich normalerweise im Darm, spricht gegen ihre Bakteriennatur. Wahrscheinlich ist es — und auch R. Koch sprach mir gegenüber diese Meinung aus — daß es Protozoen seien, deren Zugehörigkeit zu einer Familie man einstweilen auch nicht annähernd angeben kann. Es würde sich wohl einer eigenen Arbeit lohnen, diese Organismen bei der *Glossina* und anderen Gliedertieren, besonders bei den blutsaugenden, weiter zu verfolgen.

Man kann sich sehr schwer ein Bild von der Bedeutung dieser Lebewesen für den Haushalt der Tsetsefliege machen. Gegen ihre parasitäre Natur spricht ihr absolut konstantes Vorkommen in jeder einzelnen Fliege. Ich kann einstweilen nur die Vermutung aussprechen, daß es Symbionten sind, die vielleicht ihrerseits von dem Inhalt der Darmzellen oder auch dem Nahrungssaft leben, andererseits aber, frei geworden, zum großen Teil, soweit sie nicht zur Fortpflanzung ihrer eigenen Art dienen, zerfallen und mit ihren Zerfallprodukten Fermente bilden, vielleicht auch die Regeneration der Darmzellen hervorrufen. Unaufgeklärt bleibt dabei, warum sie ganz begrenzte Gruppen von Darmepithelzellen befallen und diese so systematisch ohne eine einzige auszulassen, und warum diese „Epithelregeneration" in so unregelmäßigen Flecken vor sich geht.

f) Der **Hinterdarm** setzt sich ohne eine Klappe fast unmerklich an den Mitteldarm an. Seine Wände sind viel weniger dehnbar als die des Mitteldarmes, scheinen infolgedessen auch dicker und konsistenter als jene. Sein Inhalt besteht stets aus zersetztem Blut. Während der Verdauung ist sein Epithel hoch, der Innenteil seiner

Zellen lang, teils sogar amöboid ausgezogen und mit Hämatoxylin oder Azur ganz blaß färbbar; oft sind die Zellen durch Zwischenräume voneinander getrennt. Der blasse Innenteil der Zellen zeigt vielfach Hohlräume und Vakuolen. Der basale Zellteil färbt sich um den Kern herum mehr dunkelblau, besonders bei Azurfärbung findet man dort eine ganze Zone dunkelgefärbter Körnchen. Der Kern ist groß, meist langgezogen, blaß und zeigt wenig Chromatin. Zonenweise ist diese blaue Färbung, an anderen Stellen die blasse Färbung überwiegend, manchmal fehlt letztere aber ganz. Bei hungrigen Tieren fehlt der innere blasse Teil der Zellen, die sich dann im ganzen sehr dunkelblau färben und kleinere Kerne haben. Im Hinterdarm liegen keine Blutkörperchen, sondern ein geronnenes Serum oder eine braune schmierige Masse.

In der Figur 92 sind solche Epithelzellen dargestellt, die Figur 78 zeigt deutlich, wie sehr sie verschieden von denen des Mitteldarmes sind. Sie haben gegen den Darminhalt hin oft kaum Zellgrenzen, so sehr schmiegt sich ihr Plasma an den Darminhalt an. Die Muscularis des Hinterdarms ist stärker als die des Mitteldarms. Die peritropische Membran ist auch im Hinterdarm fast stets zu finden. Ob sie aber in diesem Darmabschnitt auch gebildet wird, oder ob die dort befindliche Membran mit der Nahrung aus dem Mitteldarm hierhin gelangt sind, kann ich nicht sagen, glaube aber das letztere.

Wenn der Hinterdarm leer ist, so legt sich sein Epithel in meist sechs Falten, an deren Bildung die Muskelschicht nicht teilnimmt (Fig. 94). In diesem Teile des Darmes hat sich die Muscularis anders wie im Mitteldarm gruppiert, indem außen starke Ringmuskeln, innen wenige Längsmuskeln sind, ein Verhältnis, wie wir es beim Oesophagus und beim Enddarm finden. Da aber die Epithelzellen keine Cuticula haben, möchte ich diese Darmschlinge nicht als ein ektodermales, sondern vielmehr als ein mesodermales Gebilde ansprechen. Die oben erwähnten Zellverdickungen mit Bakterioiden konnte ich im Hinterdarm nicht beobachten.

Am Ende des Hinterdarmes münden gemeinsam die vier Malpighischen Gefäße in den Darm ein, auf die ich weiter unten zurückkomme.

g) Der **Enddarm** setzt sich ohne Klappe und mit allmählichem Übergang an den vorigen Darmabschnitt an. Sein Epithel zeigt ebenfalls Längsfalten, doch sind seine Zellen anders gebaut als die des Hinterdarmes. Jede sitzt mit einem kubischen Körper der basalen Membran auf und zeigt gegen das Darmlumen eine halbkugelige bis kegelförmige Kuppe, welche mit einer sehr feinen Chitinmembran bekleidet ist. Ein Stück vor der Darmklappe trägt diese feine Cuticula jeder Zelle einen feinen blassen Dorn oder ein kurzes Chitinhaar (Fig. 94 a). Spärliche Längsmuskelfasern sind hier von kräftigen Quermuskelfasern umgeben.

Der Enddarm macht noch eine Zeitlang nach dem Herauspräparieren in physiologischer Kochsalzlösung kräftige peristaltische Bewegungen, wodurch er sich von allen anderen Darmteilen unterscheidet. Ein Stück vor der Einmündung in die Analblase bildet das Epithel des Enddarms eine lange nach hinten gerichtete Falte, deren Zellen weniger hoch als im Darm selbst sind, aber je ein starkes, hellgelb gefärbtes Chitinzähnchen tragen. Bei eben ausgekrochenen Fliegen sind diese Chitinzähne des Enddarmepithels und der Klappe ganz blaß und sehr schwach ausgebildet. Die Figuren 95—97 zeigen drei Querschnitte durch diese Rektalklappe, die vier oder meistens sechs Falten bildet. Diese ziemlich lange nach hinten gerichtete Klappe kann man wegen ihrer gelben. Chitinzähne deutlich am frischen Präparat durch die Darmwand durchscheinen sehen.

An dem Stück des Enddarmes hinter der Klappe sind die Zähne bei erwachsenen Tieren stark entwickelt, werden dicht vor der Analblase jedoch blasser. Die Epithelzellen selbst werden länger und schließen sich bei leerem Darm zu sechs bis acht Zotten bezw. Falten zusammen (Fig. 98), deren einzelne Zellen eine glashelle, aber immer noch kräftige Chitinintima tragen. Die Muskulatur, besonders die Ringmuskeln, sind stark entwickelt. Der Enddarm ist durchweg mit einer weißgrauen oder bräunlichen, manchmal aber auch fahlfleischfarbenen Masse erfüllt.

h) Der Nahrungskanal erweitert sich nun zur geräumigen und dünnwandigen **Analblase** oder **Rektalblase,** die mit Dilatatormuskeln an der Körperwandung befestigt ist. Ihr Epithel ist sehr dünn, man kann meistens nur eine innere glashelle Kutikula erkennen mit vielen am Grunde blasig aufgetriebenen Chitinhaaren, in denen die Kerne der Epithelzellen sitzen (Fig. 99 *Bl*).

Bei frisch ausgeschlüpften Tieren, bei denen die Analblase noch nicht sehr erweitert ist, findet man deren Epithel dicker und zottig, die Chitinhaare weniger deutlich. Dort kann man auch feststellen, daß innen eine starke Längsmuskelschicht vorhanden ist, der nach außen ebenfalls kräftige Ringmuskeln folgen. Außerhalb von diesen befinden sich noch spärliche Längsmuskelfasern (Fig. 100, 101), ein Verhältnis, wie es am Enddarm bei manchen Insekten festgestellt ist.

Von den Seiten treten in das Lumen der Analblase vier große hohle Papillen ein (Fig. 101). Diese **Analpapillen,** über deren Funktion noch keine Klarheit herrscht, sind kegelförmig und bestehen aus einem sehr hohen glasigen Zylinderepithel mit sehr großen Kernen, die wenig Chromatin haben und an der Innenseite der Zellen liegen. Der freie Rand der Zellen ist mit einer feinen Chitincuticula überzogen. Im Hohlraum der Papillen, der mit der Leibeshöhle zusammenhängt, sieht man Blutkörperchen und einige Tracheenäste; an die Basis der Papillen treten große Tracheen und bilden dort ein Knäuel. Allerfeinste Tracheenzweige dringen in und zwischen die Epithelzellen der Analpapillen ein.

Von der Analblase aus geht ein kurzes stark muskulöses Rohr zum Anus, der beim Weibchen am Körperende dicht dorsal oberhalb der Genitalöffnung liegt, beim Männchen aber in einem Längsspalt dorsal an der Basis des „Hypopygium" genannten Hinterleibsanhanges der äußeren männlichen Genitalorgane.

Bei der Larve von *Glossina*, die bekanntlich erst dicht vor ihrer Verpuppung lebendig zur Welt gebracht wird, endigt der Enddarm blind, wie das bei der Larve von Bienen, Wespen, Ameisenlöwen und Pupiparen der Fall ist. Auf Fig. 102 habe ich einen Schnitt durch das von dickem, schwarzem Chitin umgebene Hinterende der Larve dargestellt. In die große, stark chitinisierte Grube am Hinterende (*Bl*), die wahrscheinlich der Analblase des Imago entspricht, münden vier stark chitinisierte Röhren, von denen die zwei jeder Seite in die großen Tracheenseitenstämme (*tr*) führen. Es sind die Atemröhren (*a*). Der blind endigende Enddarm (*rt*) liegt links neben der großen eben erwähnten Blase. Zwischen den Tracheenstämmen und dem Darme (*d*) liegen die paarigen Ausführungsgänge (*g*) der Geschlechtsorgane. Fig. 103 stellt einen Querschnitt durch das larvale Enddarmepithel dar, einfache kubische Zellen sind mit einer Cuticula bekleidet; innere Längs- und äußere Quermuskeln sind in diesem Organ vorhanden, das während des Larvenlebens wohl schwerlich eine Funktion hat.

Die **Malpighischen Gefäße** münden am Ende des Hinterdarms. Jederseits geht ein kurzer Mündungsgang in den Darm hinein, der sich sofort in zwei lange fadenförmige Schläuche teilt. Wie ein Spinnengewebe umgeben, ohne sich ferner zu teilen, die vier Malpighischen Gefäße den Darm und verteilen sich in der ganzen Leibeshöhle. Beim hungrigen Tiere liegen sie fast stets dem Rücken an und in der Leibesspitze. Aus dem Umstande, daß bei *Stomoxys* die beiden Gefäße derselben Seite eigenartig gestaltet sind und beide in der Nähe des Herzens liegen, glaubt Minchin (66) schließen zu müsen, daß die kurzen Mündungsgänge der Malpighischen Gefäße nicht als linke und rechte, sondern als dorsale und ventrale aufzufassen sind. Auch bei *Glossina* fand ich immer ein Malpighisches Gefäß jederseits am Perikardialraum (Fig. 109 *mf*) liegen, konnte aber nicht feststellen, daß es sich von den anderen besonders unterschied. Man sieht zwar, daß bisweilen die Gefäße stark geschwollen und kalkigweiß sind, bisweilen dagegen dünn und gelblich durchscheinend. Ich möchte aber annehmen, daß der erste Zustand hervorgerufen wird durch eine starke Anfüllung mit harnsauren Salzen, die beim Zerreißen des Gefäßes als weißer Brei hervorquellen. Die Malpighischen Gefäße sind von allen anderen schlauchförmigen Drüsen des Hinterleibs von *Glossina* durch ihre Feinheit leicht zu unterscheiden. Außerdem sind sie meist etwas geringelt oder kettenförmig gestaltet und haben etwa 5 μ Durchmesser. Auf dem Querschnitt (Fig. 104) sieht man, daß sie von einer feinen hyalinen Tunica propria umgeben sind. Bei erwachsenen Tieren sind die Zellgrenzen ihres Drüsenepithels undeutlich, oder ganz verschwunden. Auf einem Schnitte sieht man nur ein bis höchstens drei Zellkerne, die ziemlich groß sind, ein feines Gerüst sowie ein Chromatinkörperchen zeigen. Durch die geringe Anzahl von Zellkernen auf dem Querschnitt unterscheiden sich die Malpighischen Drüsen von allen anderen Drüsenschläuchen des Hinterleibs (Speicheldrüsen, Anhangsdrüsen der Geschlechtsorgane). Gegen das unregelmäßig gestaltete Lumen hin ist das Zellplasma der Malpighischen Drüsen glasig, es färbt sich hier mit Hämatoxylin und anderen Farbstoffen nur wenig, während der Basalteil der Zelle sich stärker färbt und ein fein gekörneltes Plasma hat (Fig. 104). Der hyaline innere Teil ist offenbar der sezernierende. Bei einer ganz jungen, eben ausgeschlüpften Fliege (Fig. 105) sind die Zellgrenzen deutlicher zu sehen. Die hyaline Binnenzone fehlt hier, auch sind meistens etwas mehr Zellkerne auf einem Querschnitt vorhanden als bei erwachsenen Tieren. Bei solch jungen Drüsen sah ich auch Spuren eines peritonealen Überzugs (Fig. 105), den ich bei älteren Tieren nicht nachweisen konnte. Niemals habe ich Muskeln oder elastische Fasern in ihnen gefuuden, wie sie von Léger und Dubosq (53) bei Grillen nachgewiesen sind.

Die Malpighischen Gefäße sind die Exkretionsorgane, die Nieren, der Insekten. Spritzt man einer lebenden *Glossina* eine Lösung von Indogokarmin in die Leibeshöhle ein, so findet man bald darauf die Malpighischen Gefäße blau gefärbt, und zwar ist das Plasma diffus blau, nicht die Kerne (Fig. 106). Es ist dies wohl ein Zeichen, daß die Drüsensubstanz alkalische Reaktion hat. Ich habe diese Verhältnisse nicht genau genug verfolgt, um die Angabe von Kovalewski (47, 48) bei *Glossina* prüfen zu können, daß nur die gelb aussehenden Malpighischen Gefäße das Indigo aufnehmen, die weißen aber nicht. Jedenfalls wird in den Gefäßen das in die Leibeshöhle gelangende Indigo aufgenommen. Im Lumen der Gefäße fand ich keine Färbung, wohl ein Zeichen dafür, daß dort das Indigo durch den Chemismus der Drüsen verändert wurde. Von einigen Autoren wurden den Malpighischen Gefäßen noch andere Funktionen, besonders Resorption zugeschrieben. Bei *Glossina* sprechen keine Anzeichen dafür, die diese Annahme gerechtfertigt erscheinen lassen. Die breiige weiße Substanz in den Drüsen besteht unzweifelhaft aus harnsauren Salzen, die nach Krukenberg (51) und v. Fürth (31) bei den Insekten allgemein vorkommen. Chemisch nachweisen konnte ich sie allerdings in den Drüsen bei der Kleinheit derselben nicht, wohl aber im Enddarm. Daß die Harnsäure, wie Berlese (8) für *Gryllus* annimmt, den Zweck hat, die im Darm alkalisch gewordene Nahrung zu neutralisieren, scheint mir unwahrscheinlich. Die Harnsäure ist einfach ein Sekret, ein Stoffwechselprodukt, das als verbraucht und überflüssig ausgeschieden wird.

VI. Die Nahrungsaufnahme und Verdauung.

Nach den geschilderten Verhältnissen scheint die Nahrungsaufnahme klar zu sein. Das Tier sticht ein, bis es eine passende Stelle, z. B. eine Kapillare, gefunden hat, pumpt dann mit dem Fulcrum das Blut in den Oesophagus. Während des Einstechens werden wohl durch Nervenreizung die Speicheldrüsen zur starken Sekretion angeregt, das Speichelventil öffnet sich, und der Speichel vermischt sich an der Rüsselspitze mit dem gesogenen Blut. Seine Menge muß, nach dem Zustande der Drüsen vor, während und nach dem Saugen zu schließen, nicht gering sein. Ein besonderes Gift scheint nicht in die Wunde zu treten, denn auf dem Bauch von Meerschweinchen, auf dem monatelang täglich viele Fliegen sogen, stellten sich keine Entzündungen ein.

Während des Einstiches muß etwas von dem Inhalt des Rüssels, in welchem, wie Koch[1]) zeigte, ein Entwickelungsstadium der *Trypanosomen* lebt, ebenfalls in die Wunde gelangen. Drückt man auf den Rüssel, so erscheint an seiner Spitze ein winziges Tröpfchen Flüssigkeit, in dem, wie Koch zuerst nachwies, bei manchen infizierten Fliegen die Parasiten vorhanden sind. Schaudinn (84) nimmt für die Mücke an, daß beim Einstich ein Hervorwürgen von Flüssigkeit (und Gas) stattfindet. Da aber bei *Glossina* im Rüssel stets Flüssigkeit vorhanden ist, nehme ich an, daß sie dorthin unabhängig vom Einstechen gelangt. Von der Chitinauskleidung des Rüssels und Oesophagus kann diese Flüssigkeit natürlich nicht stammen, es kann auch nicht allein Speichel aus dem Hypopharynx sein, denn es finden sich, wie gesagt,

---

[1]) R. Koch, Vorläufige Mitteilungen über die Ergebnisse einer Forschungsreise nach Ost-Afrika. Deutsche medizinische Wochenschrift 1905. Nr. 47.

Trypanosomen im Rüssel, die nur aus dem Darm stammen können, wo allein sie sich entwickeln. Ich glaube annehmen zu müssen, daß diese Flüssigkeit weniger aus Speichel als aus dem schleimig-wässerigen Inhalt des Vorderdarmes und Proventrikels besteht, welche Flüssigkeit sich vielleicht von selbst auf der Innenfläche des Nahrungskanals verteilt, vielleicht aber auch durch antiperistaltische Bewegungen dann und wann vorgestoßen wird.

Glossina lebt ausschließlich von lebendem Blut, sie bevorzugt Säugetiere, saugt aber auch an Hühnern usw., wenn man ihr eine von Federn entblößte Stelle anbietet. Es ist bei hungrigen Fliegen, auch selbst nicht bei solchen, die tagelang in der absolut trockenen Luft eines Exsikkators lebten, durch keine Versuche gelungen, sie zur Aufnahme von Wasser, Zuckersaft oder ausgetretenem Blut zu bewegen. Einmal versuchte eine Fliege, die sehr lange gehungert hatte, in ein Stück frischer Leber zu stechen, ohne aber imstande zu sein daraus Blut zu saugen. Mücken und *Stomoxys* nehmen ganz gerne Wasser und andere Flüssigkeiten, die *Glossina* ist ausschließlich auf das Stechen lebender Tiere angewiesen und muß etwa jeden sechsten bis siebenten Tag Blut aufnehmen. Dies ausschließliche Leben von Blut bedingt es auch, daß man in dem Darm der Tsetse nur die Organismen findet, die entweder mit dem Blut aufgesogen wurden, oder die von der Mutter her vererbt sind.

Schaudinn (84) gibt für die Mücke an, daß beim Stechen durch Atmungsbewegung zuerst die Luftblase aus dem Kropf in die Wunde gepreßt wird, und daß diese Kohlensäureblase sowohl eine Reizung der Wunde als auch eine Gerinnungshemmung des gesogenen Blutes bewirkt. Ich konnte bei zahllosen Beobachtungen nicht sehen, daß dem Saugen von *Glossina* eine lebhafte Atem- oder Würgbewegung des Hinterleibs vorausgeht, wie sie Schaudinn beschreibt. Ebenso fand ich bei Fliegen, die beim Einstechen, beim ersten Saugen oder gleich nach dem Saugen getötet wurden, stets noch die Luftblase im Kropfe vor. Endlich besteht diese Blase im Kropf bei *Glossina* sicher nicht in der Hauptsache aus Kohlensäure, wenn auch ganz geringe Mengen davon in ihr enthalten sein können. Ich fing die Blase in einer mit Kochsalzlösung gefüllten Glasröhre auf, brachte vorsichtig ein Stück Ätzkali dazu und schüttelte nun die Blase mit der so entstandenen starken Kalilauge, ohne daß ihr Volumen sichtbar abnahm; Kohlensäure hätte verschwinden müssen. Auch stellte sich bei der Behandlung mit Baryumkarbonat keine Trübung ein. Bei *Glossina* hat diese Blase also sicher nicht die von Schaudinn beschriebene Funktion. Ich komme auf sie noch später zurück.

Ich erwähnte oben, daß beim Saugen das Blut zunächst unter Verschluß des Sphincters am Beginn des Kropfganges in den Darm gelangt. Erst wenn dieser gefüllt ist, und das Tier noch Gelegenheit zum weiteren Saugen hat, wird auch der Kropf gefüllt. Oft ist, wie geschildert, bei frisch vollgesogenen Tieren nicht nur im Kropf, sondern auch im Darme viel Gas vorhanden. Auch dies besteht nicht aus Kohlensäure, wie das gleiche Experiment oben zeigt; ich nehme an, daß es atmosphärische Luft ist, und glaube — wie oben erwähnt — daß diese bei Verletzung des Rüssels von gefangenen Tieren mit angesogen wird und oft den Tod der Fliege verursacht.

Daß das Blut wellenförmig angesaugt wird, zeigt sich auf Querschnittserien, wo oft der Oesophagus im Kopfe prall mit Blut gefüllt ist. Darauf folgt ein leerer Teil und weiter nach unten wieder ein voller.

Den Vorderdarm und besonders den Mitteldarm findet man nach dem Saugen mit Blutkörperchen dicht gefüllt, unter denen sich auffallend viele weiße Blutkörperchen befinden, die sich lange intakt erhalten, anscheinend schwer verdaut werden und oft nesterweise im Darme zusammenlagern.

Es ist ziemlich schwer, die Reaktion des Darminhalts und der Darmwände festzustellen, da man die Tsetsefliegen nicht mit Chemikalien, wie z. B. Lackmus füttern kann. Es bleibt also nichts übrig, als den Inhalt des herauspräparierten Darmes mit Lackmuspapier zu prüfen. Bei vier Versuchen mit hungrigen Tieren reagierte der Vorderdarm dreimal deutlich sauer, einmal neutral, der Mitteldarm dreimal neutral und einmal leicht alkalisch, der Hinterdarm bei zwei Versuchen neutral bis leicht sauer. Stets reagierte die Flüssigkeit sauer, die man durch Auspressen des Thorax erhält. Es erscheint demnach, daß der Vorderdarm der hungrigen Fliege sauer, der Mitteldarm neutral und der Hinterdarm neutral oder leicht sauer reagiert. Sehr kurze Zeit nach dem Saugen gibt die Fliege durch den After bedeutende Mengen von ziemlich klarer Flüssigkeit von sich. Ein Teil des gesogenen Blutes wird demnach offenbar sehr rasch aufgenommen und verarbeitet. Da im Vorderdarm dem Anschein nach das Blut sehr bald stark eingedickt wird, d. h. wenig Serum zeigt, nehme ich an, daß schon hier das Serum verdaut wird. Eine Scheidung des Blutes im Darme nach Serum und Blutkörperchen, wie dies allgemein für die Mücken angegeben wird, konnte ich bei *Glossina* nicht feststellen.

Wenn auch die Blutkörperchen aus weichem Plasma bestehen, so können sie doch nicht ohne weiteres resorbiert werden. Es wird für sie eine Zersetzung nötig sein, bei der wahrscheinlich Peptone oder Trypsine gebildet werden. Nach ein bis zwei Tagen ist auch im Vorderdarm und Mitteldarm das Blut ganz zersetzt. Es findet sich dann dort eine rotgrüne Schmiere. Daraus geht hervor, daß im Vorder- und Mitteldarm der größte Teil der Nahrung zersetzt und verdaut wird. Ich möchte annehmen, daß dabei sowohl das Sekret der Speicheldrüsen als auch eine Absonderung der Darmepithelien eine Rolle spielen. Über die Zusammensetzung des Speichelsekrets konnte ich nichts ermitteln; auf Lackmuspapier war es ohne Einfluß, und in physiologischer Kochsalzlösung zerdrückte Drüsen hatten keine Einwirkung auf Stärkekörner. Ich deutete schon oben an, daß vielleicht auch die massenhaft in jedem Tsetsedarm befindlichen Symbionten ein Ferment durch ihre Auflösung liefern, das möglicherweise eine Rolle bei der Verdauung spielt. Offenbar tragen zur Zersetzung des Blutes auch die massenhaft im Darm vorhandenen Bakterien bei. Es sind kleine Stäbchen, die sich auf Gelatine-Nährboden, der mit Fleischwasser, Pepton und Traubenzucker versetzt ist, leicht reinzüchten lassen. Besonders massenhaft sind sie im Darm vorhanden, wenn das Blut dort in Zersetzung ist, kommen aber auch im Kropfe vor. Sie wachsen in Gelatine oft schon in einem Tage zu großen Kulturen aus. Sie gedeihen in der Luft und auch bei Luftabschluß und bilden, im Gärungsröhrchen gezüchtet, kein Gas, sie trüben dort die Flüssigkeit im offenen Schenkel und bilden einen Bodensatz. Auf Gelatine verflüssigen sie den Nährboden sehr rasch, auf der Flüssigkeit bildet sich zuerst eine schmutzig graue Haut, später am Boden ein reichlicher Niederschlag. Nach ca. 8 Tagen ist die ganze Gelatine verflüssigt und riecht etwas nach Leim und Ammoniak. Der vorher neutrale Nährboden ist dann jedesmal stark alkalisch. Auf Agar bilden sie einen rasch wachsenden, grauen, durchscheinenden, zähe anhaftenden Belag mit körniger Oberfläche und gezackten Rändern. Auf sterilisierten Kartoffeln wachsen sie nicht ganz so rasch, einen grauen, schleimigen Überzug bildend. Bringt man eine Kultur in ein Gärungsröhrchen, das mit steril entnommenem Blut und Kochsalzlösung gefüllt ist, so zeigt das hellrote Blut nach kurzer Zeit eine bläulich weinrote Färbung. Es ist durchscheinend und lackfarben geworden. Eine Gasbildung findet nicht statt, auch tritt lange Zeit kein Fäulnisgeruch auf. Ein mit der Kultur versetzter Blutkuchen scheint sich zu lösen. Steriles Hühnereiweiß wird durch die Bakterien verflüssigt, ohne daß ein Geruch außer nach Ammoniak entsteht. Mit Öltropfen zusammengeschüttet, bildet die Bakterienkultur eine Emulsion, wohl infolge von Verseifung durch den starken Ammoniakgehalt.

Diese sehr kleinen Bakterien sind bis $1^1/_2 \mu$ lang und 0,5 bis 0,7 μ breit, an beiden Seiten abgerundet. Oft sind zwei Teilungsprodukte zusammenhängend. Mit den gewöhnlichen Farbstoffen für Bakterien färben sie sich leicht, werden aber nach der Gramschen Methode entfärbt. Der Nachweis von Sporen und Geißeln ist mir bisher noch nicht gelungen. Nach diesen allerdings recht unvollständigen Beobachtungen nehme ich an, daß diese Bakterien stark peptonisieren, Ammoniak erzeugen und Fette emulsionieren, vielleicht auch verseifen. Außerdem konnte ich noch bisweilen eine etwas größere Bakterienart finden, habe aber ihre Eigenschaften nicht näher untersucht.

Einige Tage nach dem Saugen findet man in dem zersetzten Darminhalt nur noch wenige Blutkörperchen. Er besteht dann aus einer grünlich-bräunlichen schleimigen Flüssigkeit, in der mit Osmiumsäure sich schwärzende Fetttröpfchen sowie Leucinkörner vorhanden sind. Ich vermute, daß das Fett bei der Zersetzung des Blutes entsteht und im Hinterdarm von den Epithelzellen resorbiert wird. Auch eine Menge Eiweiß wird offenbar noch im Hinterdarm aufgenommen. Sein kleiner Umfang und der Zustand seiner Epithelien zeigt, daß dort eine sehr rege Resorption stattfindet. Im Enddarm ist keine Spur von Fett mehr vorhanden. Alle resorbierbare Substanz wird ohne Zweifel bis zur Stelle, wo die Malpighischen Gefäße eintreten, resorbiert. Schon aus den Größenverhältnissen der mittleren Darmabschnitte und des Enddarms kann man schließen, daß nicht viele Nahrungsstoffe unverdaut abgehen, vielleicht höchstens einige Spaltungsprodukte des Hämatoglobins und Leucin. Hauptsächlich ist der Enddarm mit dem weißgrauen Exkret der Malpighischen Gefäße gefüllt. Ob die Fliegen die zufällig angesogene Luft durch Antiperistaltik oder durch den Enddarm von sich geben können, weiß ich nicht. Daß sich Gase bei der Verdauung bilden, habe ich nicht nachweisen können.

Gelangt nun das Blut bei stärkerem Saugen in den Kropf, so wird dieser bis zum Platzen gefüllt. Der ganze Hinterleib bei *Glossina* ist auf eine periodische sehr reichliche Nahrungsaufnahme eingerichtet. Das weiche faltige Chitin am Bauch, das demjenigen zwischen den Segmenten gleicht, kann sich gewaltig ausdehnen. Der Leib einer gefüllten Fliege ist wie eine Beere angeschwollen (Abb. 1), der der hungrigen ganz platt (Abb. 2). Der Kropf legt sich gefüllt ventral auf den Darm in der oberen Hälfte des Hinterleibs, und enthälts stets eine Luftblase. Geht die Verdauung normal vor sich, dann rückt durch die Bauchpresse und auf dem Wege durch den Vormagen der größte Teil des Kropfinhalts möglichst bald in den Darm, so daß man schon kurze Zeit nach dem Saugen den Kropf leer oder nur mit Spuren von Blut, stets aber mit der Luftblase findet. Manchmal sieht man aber noch lange nach dem Saugen im Kropfe eine Menge von Blut, aber fast stets nur bei solchen Tieren, die zugrunde gehen; es scheint, daß in solchen Fällen die Verdauung anormal war: die Malpighischen Gefäße sind bis zum Platzen gefüllt, und auch der Enddarm ist prall von Exkreten. Bisweilen ist das Blut in solchen Fällen im Kropfe inselweise zu kleinen Klumpen geronnen und zersetzt, bisweilen aber zeigt eine Untersuchung, daß diese scheinbaren Blutmassen aus einer hellen Flüssigkeit und einer Menge von Hämatoglobinkristallen bestehen. In einem Fall nach dem Saugen von Meerschweinblut hatten die Kristalle die Gestalt von Tetraedern, welche für Meerschweinchen-Hämatoglobin charakteristisch ist. Es scheint, daß in solchen Fällen die Fliegen das Kropfblut nicht mehr weiter verarbeiten können und daran zugrunde gehen.

Im Kropfe finden sich bei den meisten Fliegen, vielleicht sogar immer, hefeartige Mikroorganismen. Aus zwei verschiedenen Fliegen habe ich bis jetzt dieselben Formen rein gezüchtet. Es ist eine Hefe, die mit der sogenannten Rosahefe identisch ist. Auf Gelatine mit Fleischwasser, Pepton und Traubenzucker wächst sie sehr üppig und bildet dort in kurzer Zeit an der Oberfläche glatte Massen mit etwas erhabenen glatten Rändern, die sich leicht von der Unterlage abheben und fahle Rosafarbe haben. Bei Stichkulturen wachsen sie fast nur auf der Oberfläche, im Stich selbst sind erst nach langer Zeit Spuren von Wachstum sichtbar. Auf Kartoffeln und Hühnereiweiß findet ebenfalls Wachstum statt, keines von den Substraten wird verflüssigt. Im Gärungsröhrchen mit Traubenzucker bildet sich kein Gas, eine Trübung nur im offenen Schenkel bis zum Knick. Bei Sauerstoffabschluß wuchsen meine Kulturen nicht. Die größeren dieser Hefezellen sind $3-4\,\mu$ lang und $2-2^{1}/_{2}\,\mu$ breit; sie haben ovale bis kreisrunde Form und vermehren sich durch gewöhnliche Sprossung. Bisweilen hängen die Tochterzellen noch längere Zeit an der Mutterzelle. Die Rosahefe soll auch nach den Lehrbüchern (Günther, „Einführung in das Studium der Bakteriologie“, Flügge, „Die Mikroorganismen“, Lindner, „Mikroskopische Betriebskontrolle der Gärungsgewerbe“) nur an der Luft wachsen, keine Gärungserscheinungen hervorrufen und Gelatine nicht verflüssigen. Vielfach wird angenommen, daß diese — Torula genannten — Hefen Entwicklungsformen irgend eines höheren Pilzes sind.

Ich glaube nicht, daß die von mir gezüchteten Hefen Verunreinigungen aus der Luft sind, denn im frisch herausgenommenen Kropf sieht man fast stets ganz ähnlich aussehende Hefezellen, und die Kulturen wuchsen nur an den Impfstrichen, nicht anderswo in der Petri-Schale.

Bei den Mücken fand Christophers (20) und Schaudinn (81), bei den Fliegen

Prowazek (74) ebenfalls Spaltpilze im Kropfe. Schaudinn hält sie für die Erzeuger der Giftwirkung beim Mückenstich, Schaudinn und Prowazek geben an, daß diese Spaltpilze Entwicklungsstadien eines Fadenpilzes seien.

Die von mir gezüchtete Rosahefe braucht zum Wachstum Sauerstoff. Im Kropf wird sie denselben aus den Tracheen, vielleicht auch aus dem gesogenen Blut beziehen. Da diese Hefe kein Gas bildet, und ich einen anderen Gas erzeugenden Pilz aus dem Kropf nicht habe gewinnen können, kann ich mir auch kein sicheres Bild über die Herkunft der Gasblase im Kropf machen. Denkbar ist, daß es verschluckte Luft, möglicherweise aber auch Verdauungsgase sind, nur müßte dann je nach dem Zustande der Verdauung die Blase verschieden groß sein, während sie stets etwa die Größe eines Hirsekornes zeigt. Und im Darm scheinen nie solche Gase gebildet zu werden. Bei eben ausgeschlüpften Fliegen fand ich den Kropf als faltigen Sack ausgebildet ohne Blase darin. Am wahrscheinlichsten ist, daß die Fliege, wenn sie nach dem Ausschlüpfen ihre Tracheen voll Luft saugt, auch durch den Rüssel Luft in den Kropf aufnimmt.

Solche Luftblasen im Kropf sind bei Insekten *(Lepidopteren, Dipteren, Ephemeriden)* nichts Ungewöhnliches, und es ist schon beobachtet, daß solche Luft von den Tieren einfach eingeschluckt wird. So nimmt nach Palmen (72) *Polymitarcys* die Luft durch den Mund in den Darm auf, die in der Folge durch Klappenvorrichtung weder in den Vorder- noch in den Hinterdarm entweichen kann und als „Polster" wirken soll, wenn die Muskulatur bei der Ablage von Eiern stark preßt. Fritze (30) bestätigt diese Beobachtung bei anderen Eintagsfliegen. Nach Emery (24) nimmt das Imago von *Luciola italica* keine Nahrung, wohl aber Luft in den Darm auf, der dadurch wie eine Tracheenblase funktioniert. Korotneff (46) beobachtete, daß in gewissen Entwickelungsstadien der Maulwurfsgrille der Kropf sich voll Luft pumpt, und glaubt, daß dieser Vorgang mit der Atmung im Zusammenhang steht.

Man kann sich nur schwer ein Bild von der physiologischen Bedeutung dieser Luftblase für die *Glossina* machen. Es scheint mir, daß sie einerseits als hydrostatischer Apparat dient, um das Volumen des Hinterleibes ohne Gewichtsvermehrung zu vergrößern, andererseits aber auch den Zweck hat, bei den hungrigen Fliegen das völlige Kollabieren des Hinterleibes zu verhindern.

Die ausgeschiedenen Stoffe sammeln sich im Enddarm. Daß bald nach dem Saugen zunächst eine Flüssigkeit ausgeschieden wird, erwähnte ich oben. Die frisch ausgestoßenen Exkremente haben eine hellbraungraue oder blaßfleischrosa Farbe. Nach kurzer Zeit werden sie an der Luft braun bis schwarzbraun. Es findet hier vielleicht, ähnlich wie v. Fürth (31) es für das Blut vieler Insekten angibt, eine Melanose durch Oxydation oder Fermentwirkung statt. Die eben ausgekrochene Fliege, die meistens erst am zweiten Tage zum Saugen geneigt ist, sondert bald nach dem ersten Saugen eine Menge Exkremente ab, wie man das ja auch bei den frisch aus der Puppe geschlüpften Schmetterlingen beobachtet. Bei *Glossina* ist das kein Wunder, da sie ja auch während des ganzen Larvenlebens die Stoffwechselprodukte nicht von sich geben können.

In den Exkrementen der Fliege konnte Herr Dr. Schellmann, Chemiker am biologisch-landwirtschaftlichen Institut, mit der Murexidprobe massenhaft Harnsäuresalze aber keine Guanine nachweisen. Die Exkremente werden recht reichlich abgesondert, fast stets erscheint eine Portion während oder gleich nach dem Saugen. Gläser, in denen Fliegen einige Tage gehalten werden, sind mit großen, schwarzen Tröpfchen überzogen; man muß sie mit Fließpapier belegen und häufig reinigen, um die Fliegen gesund zu erhalten.

Um festzustellen, wie lange Zeit die Verdauung braucht, ließ ich Fliegen möglichst lange hungern, bis sie keine Exkremente mehr von sich gaben. Neu gefüttert, erschienen dann die ersten Kotmassen nach 5 Stunden; bei jung ausgeschlüpften Tieren nach dem ersten Saugen erschienen sie erst nach 6 $\frac{1}{2}$ Stunden. Um die Menge des aufgesogenen Blutes und die Geschwindigkeit der Verarbeitung desselben festzustellen, machte ich eine Reihe von Versuchen, bei denen verschiedene Fliegen vor und nach dem Saugen und nach je 24 Stunden genau gewogen wurden. Bei diesen Versuchen unterstützte mich der Sanitäts-Feldwebel Sacher mit großem Eifer.

I. *Glossina fusca*, Männchen, wog am 15. 12. 05 im hungrigen Zustande 0,0630 g, voll Blut gesogen 0,1426 g, sie hatte demnach gesogen 0,0796 g oder etwa 126 % ihres Eigengewichts.

Nach dem 1. Tag Gewicht 0,0832 g demnach verdaut 0,0594 g
„ „ 2. „ „ 0,0704 „ „ „ 0,0128 „
„ „ 3. „ „ 0,0636 „ „ „ 0,0068 „
„ „ 4. „ „ 0,0580 „ „ „ 0,0056 „
„ „ 5. „ „ 0,0531 „ „ „ 0,0049 „
„ „ 6. „ „ 0,0396 „ „ „ 0,0135 „

Am 6. Tag starb die Fliege.

II. *Glossina fusca*, Männchen, wog am 21. 12. 05 leer 0,0514 g, vollgesogen 0,1299 g, hatte demnach 0,0785 g Blut oder etwa 152 % ihres Eigengewichtes an Blut aufgenommen.

Nach dem 1. Tag Gewicht 0,1123 g demnach verdaut 0,0176 g
„ „ 2. „ „ 0,0899 „ „ „ 0,0224 „
„ „ 3. „ „ 0,0815 „ „ „ 0,0084 „
„ „ 4. „ „ 0,0766 „ „ „ 0,0049 „
„ „ 5. „ „ 0,0723 „ „ „ 0,0043 „
„ „ 6. „ „ 0,0665 „ „ „ 0,0058 „
„ „ 7. „ „ 0,0638 „ „ „ 0,0027 „
„ „ 8. „ „ 0,0581 „ „ „ 0,0057 „ (tote Fliege)

Das Tier starb am 7.—8. Tage.

III. *Glossina fusca*, Weibchen, wog am 11. 12. 05 im hungrigen Zustande 0,0956 g, vollgesogen 0,3538 g, sie hatte demnach gesogen 0,2582 g Blut oder etwa 270 % ihres Eigengewichtes.

Nach dem 1. Tag Gewicht 0,1700 g demnach verdaut 0,1838 g
„ „ 2. „ „ 0,1373 „ „ „ 0,0327 „
„ „ 3. „ „ 0,1208 „ „ „ 0,0165 „
„ „ 4. „ „ 0,1126 „ „ „ 0,0082 „
„ „ 5. „ „ 0,1066 „ „ „ 0,0059 „
„ „ 6. „ „ 0,1034 „ „ „ 0,0033 „

Wahrscheinlich fällt in diesem Falle die Gewichtszunahme auf die Ausbildung eines Eies oder einer Larve.

IV. *Glossina fusca*, Weibchen, wog am 21. 12. 05 leer 0,0775 g, vollgesogen 0,2031 g, hatte demnach 0,1256 g oder etwa 162 % ihres Eigengewichtes an Blut aufgenommen.

Nach dem 1. Tag Gewicht 0,1636 g demnach verdaut 0,0395 g

„	„ 2.	„	„	0,1310 „	„	„	0,0326 „
„	„ 3.	„	„	0,1099 „	„	„	0,0211 „
„	„ 4.	„	„	0,0998 „	„	„	0,0101 „
„	„ 5.	„	„	0,0942 „	„	„	0,0056 „
„	„ 6.	„	„	0,0870 „	„	„	0,0072 „
„	„ 7.	„	„	0,0797 „	„	„	0,0073 „
„	„ 8.	„	„	0,0757 „	„	„	0,0040 „

Man sieht aus obigem, daß ein ganz bedeutender Teil des gesogenen Blutes in den ersten 48 Stunden verbraucht wird. Weibchen scheinen etwas schwerer als Männchen zu sein und verhältnismäßig etwas mehr Blut aufzusaugen.

Trotz des langen Hungerns kamen die Fliegen nicht viel unter ihr erstes „Leergewicht“. Wenn demnach Passerini[1]) angibt, daß Insekten beim Hungern $^6/_7$ ihres ursprünglichen Gewichtes verlieren können, ehe sie sterben, so glaube ich, daß es sich um das Gewicht von vollgefressenen, nicht um das von hungrigen Tieren handelte.

Eben ausgeschlüpfte *Glossinen* scheinen beim ersten Saugen, wo offenbar der Darmkanal noch nicht so erweiterungsfähig ist, etwas weniger Blut als alte aufzunehmen. So wog eine frisch ausgekrochene *Glossina fusca* 0,0370 g und nach dem ersten Saugen 0,0655 g, sie hatte also nur 0,0285 g oder 77 % ihres Eigengewichtes an Blut aufgenommen.

VII. Atmungs- und Zirkulationsorgane.

Das der Atmung dienende Tracheensystem habe ich nicht besonders studiert; ich kann also nur kurz berichten, daß *Glossina* zwei Paar Atmungsöffnungen (Stigmen) am Thorax, von denen eine vielleicht ein Sinnesorgan enthält, und fünf an der Seite des Hinterleibes hat. Besonders von letzteren aus gehen große Bündel von Tracheen, die den Darm umspinnen und mit ihren feinsten Verzweigungen sich in die Zellen des Fettkörpers senken. In den beiden Vorderecken des Hinterleibes liegen große Tracheensäcke, ebenso im Rüsselbulbus, an den Wangen, im Kopfe neben den Augen und an der Rückseite des Thorax unter dem Scutellum. In der Brust sind Darm und Nerv von drei Paar großen Tracheenstämmen oder -blasen begleitet. Wir lernten einige derselben schon oben kennen.

Das **Herz** ist ein auf der Rückseite des Hinterleibs gelegener dünner Schlauch mit fünf Kammern, von denen die hintere die größte, die vorderste kaum erkennbar ist. Die fünf Kammern korrespondieren mit den fünf ersten Segmenten des Hinterleibs.

---

[1]) N. Passerini, Sulla morte degli insetti per inanizione, Bull. soc. Ent. ital. A. 17. 1885.

Das Herz setzt sich nach vorn in die Aorta fort, die wir früher schon im Thorax kennen lernten. Sie liegt dort als feines Rohr dorsal vom Darm, Kropfgang und Proventrikel in dem medianen Winkel der großen Flugmuskeln (Taf. II, Fig. 39—42) 53, 60, Taf. III, Fig. 71 *ao*). Nach vorn im Hals und Kopf setzt sich an die Aorta ein dünnwandiger Blutsinus (Taf. II, Fig. 34—36 *bs*), der dorsal vom Oesophagus und vom Zentralnervensystem liegt. Von hier aus ergießt sich offenbar das durch die wellenförmigen Kontraktionen des Herzens nach vorne getriebene Blut in die allgemeine Leibeshöhle, um schließlich wieder durch die paarigen Seitenklappen des Herzens in dasselbe hineinzugelangen, sobald es sich ausdehnt. Auf der Fig. 107, Taf. III habe ich die vorletzte Kammer des Herzens dargestellt, von der ventralen Seite aus gesehen. Das Präparat war mit heißem Alkohol fixiert und mit Glychämalaun gefärbt. In jeder Kammer des Herzschlauches sind zwei Paar sehr großer Zellkerne sichtbar (*hz*) sowie das nach innen gerichtete Klappenpaar mit je zwei Zellkernen (*kp*). Minchin (66) beschreibt 23 Paar großer und 10 Paar kleiner Zellen im Herzen. Seitlich setzen sich an die Stellen zwischen je zwei Herzkammern die zu ihrer Erweiterung dienenden sogenannten Flügelmuskeln an (*m*), welche quergestreift sind und sich verästeln. Mit ihnen gehen Tracheenstämme (*tr*) zum Herzen. An diesen Stellen häufen sich Mengen von großen vielkernigen Perikardialzellen und Önocyten, die an anderen Stellen des Herzschlauches kleiner und spärlicher sind. Auf dem Querschnitt erkennt man, daß der Herzschlauch (*hz*) aus einem quergestreiften Muskel gebildet wird, dem sich innen die oben erwähnten großen Zellen ansetzen. Der Schlauch selbst liegt in einem Perikardialsinus (*sn*), der durch ein Septum aus bindegewebeartigen Membranen (*a*) von der Leibeshöhle getrennt ist. Durch feinste ungestreifte Muskeln oder elastische Fäden ist der Herzschlauch an der Leibeswand und an dem Septum befestigt. Große Fettzellen (*fz*), sowie die kleinen einkernigen (*pz 2*) und großen vielkernigen Perikardialzellen (*pz 1*) liegen am Herzschlauch und am Septum. Dicht neben dem Herzen findet man im vorderen Körperteile den Vorderdarm (*d 1* Fig. 108), sowie die Speicheldrüsen (*s*), hinten fast immer Malpighische Gefäße (*mf* Fig. 108, Taf. III, Fig. 109, Taf. IV). Eine der vielkernigen Perikardialzellen ist in Fig. 110 stärker vergrößert abgebildet.

Die in zwei Bändern das Herz begleitenden Perikardialzellen gehören dem Blutgewebe an. Sie wurden besonders von Wielowieski (100), Kowalewsky (47, 48), Cuénot (22), Metalnikow (63) und anderen studiert. Eine ihrer Hauptfunktionen scheint zu sein, die im Blute enthaltenen Fremdstoffe in sich aufzunehmen und so unschädlich zu machen. Kowalewsky zeigte zuerst, daß karminsaures Ammoniak, das man in die Leibeshöhle lebender Insekten einspritzt, in kurzer Zeit von den Perikardialzellen aufgenommen wird, die dann mit feinen roten Körnchen beladen sind. Auch bei *Glossina* gelingt es leicht, diesen Versuch zu wiederholen. Man kann auf diese Weise die Perikardialzellen sehr deutlich machen und sehen, wie sie sich an den Stellen zwischen den Herzkammern, wo die Flügelmuskeln ansetzen, anhäufen. Auch die Form des fünfkammerigen Organs kann man auf diese Weise deutlich erkennen. Der Kern der Perikardialzellen wird dabei nicht mitgefärbt. Außerdem wird noch ganz wenig Karmin abgelagert an den segmentalen Muskeln des Hinterleibs und zwischen den Längsmuskeln des Darms. Chinesische Tusche, welche man mit dem Karmin zusammen injiziert, lagert sich über dem Herzen, zwischen ihm und der Leibeswand in einer unregelmäßigen Schicht im Perikardialsinus ab. Schaudinn (84) beobachtete, daß die Mücken-Eulen-*Trypanosomen* aus dem Darm in die Leibeshöhle der Mücke bezw. in die Blutflüssigkeit wandern, mit der sie durch die Aorta in den Kopf getrieben werden. Sie sollen sich an der engen Stelle des Halses wieder um den Darm herum ansammeln und dort in ihn zurücktreten. Bei *Glossina* konnte ich derartiges nicht feststellen; weder im Perikardialsinus noch im Blutsinus des Kopfes habe ich jemals eine Spur von *Trypanosomen* gefunden.

VIII. Nervensystem und Sinnesorgane.

Das Gehirn lernten wir schon bei der Betrachtung des Oesophagus kennen. Das obere und untere Schlundganglion der Insekten ist bei *Glossina* zu einer einzigen Masse, einem richtigen Gehirn (g) vereinigt, durch das der Oesophagus hindurchtritt, und an das sich außen die sehr mächtigen Augenganglien (go) ansetzen (Taf. II, Fig. 29—34). Nach vorne geht vom Gehirn ein starkes Nervenpaar (na) zu den Antennen, und dahinter geht ventral ein schwächeres Nervenpaar ab (nf), das zum Fulcrum geht und wohl auch den Rüssel versorgt. Dorsal entspringt aus dem Gehirn ein Nerv mit zwei Wurzeln, der zu den drei Ocellen führt (Fig. 33 no). Ventral entspringen zwei feine Nerven, die wahrscheinlich die Wurzel des sympathischen Nervensystems bilden (Fig. 32 ns). In ihrer Nähe liegt ein Ganglion (gs), das wohl ebenfalls dem Sympathikus angehört. Wahrscheinlich steht dieses mit der Nervenwurzel (ns) und mit dem Sympathikus in Verbindung, welcher den Oesophagus dorsal auf seinem Wege durch das Gehirn begleitet. In der Textabbildung 22 habe ich eine schematische Darstellung vom zentralen Nervensystem gegeben, soweit ich die Verhältnisse habe feststellen können.

Aus der Basis des Gehirns, schon fast an dem zentralen Nerv, der von ihm zum Thoraxganglion führt, entspringt ein sich bald verästelnder Nerv (nc), der zu der Halsmuskulatur führt, welche den Kopf bewegt. Nach Minchin (siehe seine Fig. 1.) entspringt dieser Nerv weiter abwärts jenseit des Halses.

Die Lage des Thoraxganglions gleich hinter dem Proventrikel lernten wir früher schon kennen. Durch aufgelagerte Bindegewebssträ. ist es auch äußerlich in drei Teile geteilt, entsprechend den drei Abschnitten des Thorax, ein Aufbau, welcher sich auch innerlich aus der Anordnung der Ganglienzellen ergibt. Ventral entpringt aus dem Thoraxganglion ganz vorne ein sich sofort verästelnder Nerv (Abb. 22, nmt), der die vordersten Brustmuskeln versorgt, und der wohl zusammen mit nc den Plexus bildet, welchen Minchin zeichnet. Ferner entspringen ventral aus jedem Abschnitt des Thoraxganglions je ein Paar starker Nerven (np^{1-3}), welche die drei Beinpaare versorgen, Minchin nennt sie die ventralen pro-, meso- und metathorakalen Nerven. Oberhalb des mittleren dieser Nerven entspringt ein feiner auch von Minchin erwähnter Nerv ($nt\ 2$), der an die großen Tracheenblasen (TrB) führt, die seitlich dem Ganglion aufgelagert sind; wahrscheinlich versorgt er noch andere Organe. Mit ihm korrespondiert ein feiner dorsaler Nerv (nt^1), der ebenfalls sich an den Tracheenblasen verliert. Seine Funktion ist mir unbekannt. Sonst entspringen dorsal aus dem vorderen Teil des Thoraxganglions ein sehr starkes Nervenpaar (*nl*), das die Flugmuskeln innerviert, und aus dem hinteren Teil ein ebensolches (*nh*), das wahrscheinlich zu den Halteren (Schwingkölbchen) führt.

Das Thoraxganglion setzt sich median nach hinten in einen unpaaren Nerven (*nb*) fort, der nach Minchin sich im Hinterleib in einen dorsalen und einen ventralen Ast teilt, welch letzterer in der Hinterleibsspitze einen großen Genitalplexus bilden soll. Außerdem entpringen am Ende des Thoraxganglions zwei starke seitliche Nerven (*nabd*), die in den Hinterleib führen. Obige Beobachtungen wurden weniger durch Sektion als durch Rekonstruktion von Schnittserien erlangt; genauer habe ich das Nervensystem nicht studiert.

Den Sympathicus, der den Oesopagus begleitet, mit dem wahrscheinlich zu ihm gehörigen Ganglienpaar (*gs¹*) an der ventralen Gehirnseite und den Ganglien (*gs²*) vor dem Proventriculus erwähnte ich oben. Letzteres Ganglion wird auch von Lowne (58) beschrieben. Minchin hält dies Gebilde für eine Lymphdrüse.

Nach dem enormen Umfang des Ganglion opticum zu schließen, muß die Tsetsefliege ein sehr ausgebildetes Sehvermögen haben. Ich habe die Histologie des Nervensystems nicht näher studiert und gebe zur Orientierung in Fig. 111 nur einen Querschnitt durch das Gehirn (*g*) mit dem enormen Ganglion opticum (*go*), worauf die Verteilung der Ganglienzellen zu sehen ist. Fig. 112 stellt einen Querschnitt durch den vorderen Teil des Thoraxganglions dar, zu dessen Seiten die beiden Tracheensäcke (*tr*) liegen. Im Zentrum ist eine mächtige Anhäufung großer Ganglienzellen. In der Fig. 113 ist das Thoraxganglion dort getroffen, wo die großen Flugmuskelnerven (*nl*) austreten.

Die Sinnesorgane in den Palpen, im Rüssel und Fulcrum erwähnte ich oben. Die Fühler bestehen wie bei allen Fliegen aus drei Gliedern, als ein Komplex fernerer Glieder ist wohl die doppeltgefiederte Fühlerborste (Arista) zu deuten. Der große vom Gehirn kommende Antennennerv (*na*) tritt in das erste Fühlerglied ein, macht in dem zweiten, das rechtwinklig sich an das erste setzt, ein Ganglion (Fig. 114 *g*) und tritt dann in das dritte große Glied ein, dessen Innenseite ganz mit einer dicken Ganglienschicht ausgekleidet ist. Ein Nerv tritt in die Borste ein.

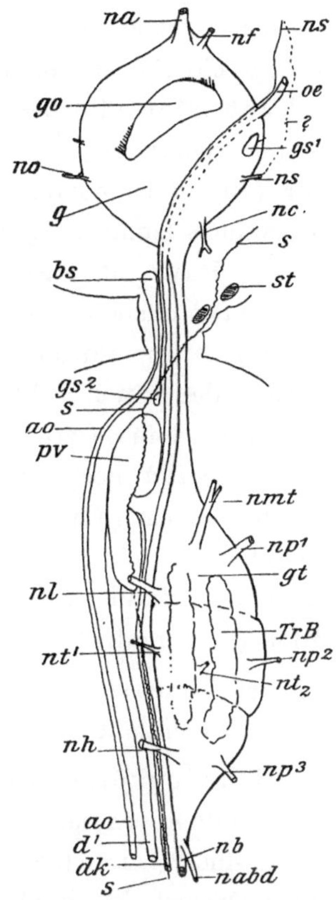

Abb. 22. Schematische Darstellung des zentralen Nervensystems von *Glossina. na* Antennennerv, *go* Querschnitt des Ganglion opticum, *no* Ocellennerv, *g* Gehirn, *bs* Blutsinus, *gs 2* Sympathisches Ganglion oberhalb des Proventriculus (*pv*), *s* Speicheldrüse, *ao* Aorta, *nl* Flügelnerv, *nt 1* dorsaler Tracheennerv, *nh* Nerv, welcher wahrscheinlich zu den Schwingkölbchen geht, *d 1* Vorderdarm, *dk* Gang zum Kropf, *ns* Sympathicusnerv, *oe* Oesophagus, *?* hypothetische Verbindung, *gs 1* Ganglion sympathicum, *nc* Nerv zu den Halsmuskeln, *st* Sattel (Innenskelett des Kopfes) *nmt* zwei Nerven zur vorderen Brustmuskulatur, *np 1* Nerv des ersten Beinpaares, *gt* Thorax Ganglion, *TrB* Tracheenblasen, *np 2* Nerv zum zweiten Beinpaar, *np 3* Nerv zum dritten Beinpaar, *nt 2* ventraler Tracheennerv, *nb* unpaarer Abdominalnerv, *nabd* paariger Abdominalnerv.

In dem proximalen Teil des dritten Gliedes findet man drei große Gruben, deren Öffnungen nach dem Kopfe der Fliege zu liegen. Bei *Stomoxys* konnte ich nur zwei solcher Gruben finden. Diese Gruben entsprechen wohl den Sinnesorganen in dem angeschwollenen Glied der Mückenfühler, welche von Child (19), P. Mayer (60) und Johnston (42) beschrieben wurden. Graber (35) hielt diese Gruben der Fliegen für Gehörorgane. Nach dem Vorgang von P. Mayer (60), Nagel (69) Roehler (79) und anderen möchte ich sie jedoch für Geruchsorgane ansprechen. Ihre Zusammensetzung ist ganz ähnlich wie bei *Musca*, wo sie von Leidig, Kraepelin, vom Rath, P. Mayer, Nagel, Röhler u. a. genau beschrieben sind. Es sind nach außen offene Gruben mit konzentrisch gestellten Sinneshaaren, sie enthalten keine Oolithen. Ihr Eingang ist reusenartig durch Deckhaare geschützt. Die ganze übrige Fläche des dritten Fühlergliedes ist dicht bedeckt mit indifferenten Chitinhaaren, zwischen denen feine Geruchshaare sitzen. Außer den großen zusammengesetzten Augen hat *Glossina* noch drei Punktaugen (Ocellen) auf der Stirn, neben welchen große Borsten stehen (Fig. 115). Die Chitinbedeckung des Körpers verdickt sich über diesen Ocellen zu einer durchsichtigen Linse (*l*), unter der die Hypodermis eine Schicht hoher Palisadenzellen bildet (*h*), an die der Nerv unter Bildung einer Art von Retina (*n*) herantritt.

An der Vorderseite der Vorderbrust sitzt ein weißer Fleck, der möglicherweise ein Sinnesorgan enthält.

Die Schwingkölbchen der Fliegen, welche man als das umgewandelte zweite Flügelpaar auffaßt, enthalten bei *Glossina* wie bei anderen Fliegen ebenfalls Sinnesorgane. Sie sind von Lee (52) und Weinland (98) genau untersucht worden. Betrachtet man einen Querschnitt durch den Stiel eines Schwingkölbchens (Fig. 116), so sieht man, daß von der Hypodermis Trabekel ausgehen. Von einer Seite zur anderen ist außerdem ein Band von Sinneszellen (*ch*) gespannt, das ich in Fig. 117 noch einmal bei stärkerer Vergrößerung dargestellt habe. Man sieht, daß es sich um ein Organ handelt, welches den chordontonalen Sinnesorganen der Insekten entspricht, die aller Wahrscheinlichkeit nach Gehörsempfindungen übermitteln. An der Basis der Halteren sitzt ein kompliziertes Sinnesorgan (Fig. 18). Ein Nerv (*n*) tritt zu palisadenartig angeordneten Sinneszellen (*s*), die mit feinsten Fädchen an eigenartige Chitingebilde gehen. Fig. 119 und 119a stellen diese Organe bei stärkerer Vergrößerung dar. Die Chitinbedeckung des Körpers bildet eine Art von Reibe, bestehend aus reihenförmig angeordneten Glocken, die je einen kleinen Chitinklöppel enthalten. An die Basis dieser Klöppel treten die feinen Nervenendigungen der spindelförmigen Ganglienzellen (*s*). Zwischen den Reihen der Glocken stehen Reihen von feinen blassen Chitinhaaren (*d* Fig. 119a). Diese Glocken sind von Graber (34) „Scolopophoren", die Klöppel „Scolopalnägel" genannt. Das Ganze ist ebenfalls ein chordontonales Gehörorgan, wie auch Lowne (59) es an der Basis der Halteren von *Calliphora* als „Cupola" beschreibt. Bekanntlich nimmt man allgemein an, daß die Halteren der Fliegen dazu dienen, das Gleichgewicht der Tiere zu korrigieren, ähnlich wie es die halbkreisförmigen Kanäle im Gehörorgan der Wirbeltiere tun.

Noch ein anderes chordontonales Sinnesorgan (Fig. 120) fand ich bei *Glossina* am Grunde der Flügel, habe es aber nicht näher studiert.

Ob bei den Tsetsefliegen irgendwelche Vorrichtungen vorhanden sind, mit denen sie Töne von sich geben, kann ich nicht entscheiden.

IX. Die Geschlechtsorgane.

Die Fortpflanzungsorgane beider Geschlechter bestehen im Prinzip aus einem unpaaren Ausführungsgang, in den jederseits zwei Paar schlauchförmige Drüsen einmünden, von denen das eine die Keimprodukte bildet, das andere eine Anhangsdrüse ist. Sie liegen ventral dicht an der Hinterleibsspitze und münden beide etwas ventral von dem After. Die Organe sind von Minchin zuerst beschrieben worden.

Die Fortpflanzungsorgane des Männchens bestehen aus einem Paar dünner, weißer Schläuche, deren größter Teil eng zu einem Knäuel zusammengewunden und von Bindegewebe umgeben ist, in welches braunroter Farbstoff eingelagert ist. Dies sind die Testikel (*ts*). Die Schläuche endigen mit einem frei aus dem Knäuel hervorragenden blinden Faden (Abb. 23). Der aufgerollte Teil der Schläuche ist ein wenig dicker als der untere als Vas deferens (*vd*) zu bezeichnende Teil derselben.

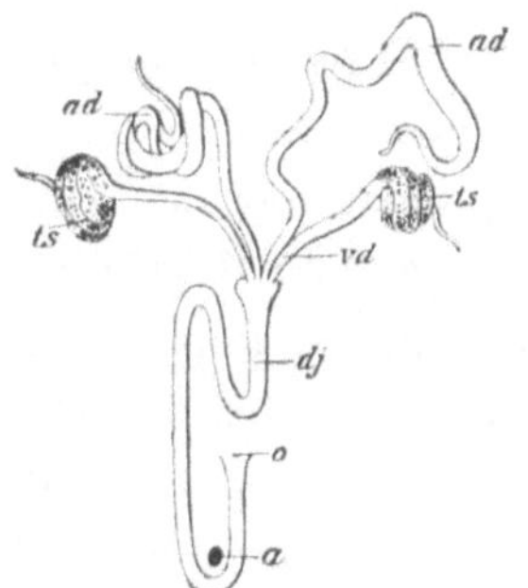

Abb. 23. Schematische Darstellung der inneren männlichen Genitalorgane. *ts* Testikel, *vd* Vas deferens, *ad* Anhangsdrüse, *dj* Ductus ejaculatorius, *o* Mündung desselben, *a* After.

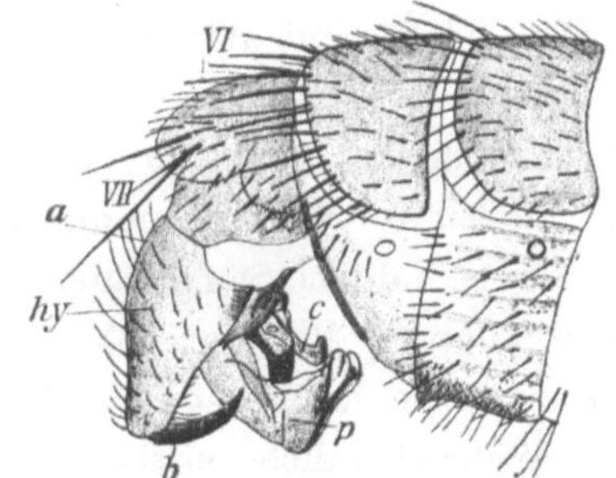

Abb. 24. Hypopygium und Penis von der Seite gesehen, Vergr. 12. *VI* u. *VII* sechstes und siebentes Tergit, *a* After, *hy* Hypopygium, *b* große Haken, *c* kleine Haken, *p* Penis.

Fast an demselben Punkte des unpaaren Ausführungsganges (*dj*), nur ganz wenig median und distal davon, mündet ein anderes Paar Schläuche (*ad*). Sie laufen ebenfalls in einen dünnen Faden frei aus. In der Mitte sind sie meistens, jedoch nicht immer, etwas angeschwollen, das untere Ende hat etwa die Dicke der Vasa deferentia. Auch diese Schläuche liegen ein wenig zusammen gewickelt, jedoch frei, ohne durch Bindegewebe verbunden zu sein. Minchin nennt das zweite Paar die Samenblasen. Da ich aber niemals Sperma in ihnen fand, und da ihre Natur drüsig ist, bezeichne ich sie als „Anhangsdrüsen" (*ad*). An der Stelle, wo die vier Schläuche zusammenkommen, ist der unpaare Ausführungsgang (*dj*) ein klein wenig erweitert, eine Art von Uterus masculinus bildend. Der Ductus ejaculatorius ist ein feiner dickwandiger Kanal, der zunächst eine kleine Schlinge macht, dann die Analblase bezw. den After (*a*) an der linken Seite umgeht, um endlich in den „Hypopygium" genannten Anhang einzutreten, an dessen Unterseite er mündet. Drückt man den Hinterleib des Männchens, so kann man das Hypopygium (Abb. 24) mit seinen Anhängen deutlich sichtbar machen. Auf das sechste Hinterleibssegment (nach Minchins Zählung, welcher den Hinterleibsstiel als erstes Segment rechnet) folgt ein Zwischenstück als siebentes Tergit und darauf — gelenkartig damit verbunden — das Hypopygium (*hy*), das als achtes Tergit aufzufassen ist. Es ist eine durch eine feine Medianlinie geteilte Platte, in welcher Linie der After (*a*) mündet. In der Ruhe liegt das Hypopygium als Platte ventral am Bauch. An seinem Ende sind zwei mächtige Haken (*b*) befestigt, die offenbar bei der Kopulation zum Festhalten am Weibchen dienen. Der Penis (*p*) kommt mit Chitinspangen ausgerüstet an der ventralen Seite des Hypopygiums zum Vorschein. Vor ihm sitzt noch ein Chitinhaken (*c*). Genauer habe ich den Bau dieses höchst komplizierten Apparates nicht studiert.

Betrachtet man einen Schnitt durch den Hinterleib, so sieht man jederseits das Paket der aufgerollten Testikelschläuche liegen. Fig. 121, Taf. X zeigt, daß dies Paket nur äußerlich von dem oben erwähnten braunrot gefärbten Bindegewebe umgeben ist. In der Fig. 122 ist ein Stück davon bei stärkerer Vergrößerung dargestellt. Das Pigment-Bindegewebe (*p*) dringt nur oberflächlich zwischen die Schlingen des Hodens (*st*) ein, die je eine Peritonealhülle und Innenepithel zeigen, dessen Zellen nicht voneinander getrennt sind. Die Hüllen sind also dieselben, wie Bruel (18) sie für *Calliphora* beschrieben hat. Beim Imago — auch schon sofort nach dem Ausschlüpfen aus der Puppe — findet man in den Testikeln nur ausgebildete Spermatozoen als sehr lange feinste Fäden in großen Bündeln zusammenliegend, welche je einmal geknickt sind. In der Entwickelung befindliche Samenfäden findet man nur in der Puppe. Bei einer 23 Tage ruhenden Puppe z. B. (Fig. 123) fand ich noch keinen roten Farbstoff ausgebildet, die Spermatozoen hatten stark färbbare längliche Köpfe (*sp*), die zu Bündeln vereinigt waren. Wahrscheinlich entstammt ein solches Bündel stets einer Mutterzelle. In derselben Abbildung ist auch das Vas deferens, also das unterste Ende des Hodenschlauches getroffen (*vd*), das eine Peritonealhülle und ein ziemlich hohes nach innen scharf begrenztes Epithel hat. Beim Imago ist dies Epithel (Fig. 124) ganz flach geworden, sein Protoplasma geht fast ohne Grenze über in eine feinkörnig gerinnende Substanz, die den Gang ausfüllt.

In dem anderen Schlauche, den ich als Anhangsdrüse bezeichnete, habe ich niemals Sperma finden können. Er hat (Fig. 125) eine Peritonealhülle und Innenepithel, dessen Zellen nicht voneinander getrennt sind. Gegen den Innenraum, der mit einem etwas grobkörnig gerinnenden Plasma ausgefüllt ist, zeigt sich das Epithel scharf abgesetzt. Minchin bezeichnet diese Schläuche als Samenblasen. Sie enthalten aber nie Samen und entsprechen sicher den Anhangsdrüsen anderer Insekten — von Lowne Paragonia genannt — welche irgend ein Sekret absondern, das sich mit dem Sperma vermischt. Spermatophoren werden bei *Glossina* nicht wie bei anderen Insekten gebildet, denn bei den Weibchen liegen die Samenfäden als ähnliche Masse in den Spermatheken, wie sie sich beim Männchen in den Testikeln finden. Daß das Vas deferens ein Sekret bildet, ist bei der Natur seines Epithels (Fig, 124) wohl möglich. Minchin nimmt an, daß der distale stark aufgewickelte Teil des Hodenschlauches eine Epidydimis sei. Nach meinen Schnitten muß ich aber annehmen, daß es sich auch in diesem Teile um einfache Hodensubstanz handelt.

Dicht an der ventralen Wand der Analblase münden die vier Schläuche in den unpaaren Ductus ejaculatorius. Fig. 126 stellt einen Querschnitt durch diese Stelle dar. Der etwas erweiterte Ductus ist hier dünnwandig, die Ausführungsgänge der Drüsen ⟨vd, ad⟩ sind mit Gewebssträngen an seiner Wand befestigt. Weiterhin zeigt der Ductus ejaculatorius (Fig. 127) eine Peritonealbekleidung, starke quergestreifte Ringmuskeln, wenige Längsmuskeln und ein eigenartiges Epithel, dessen Zellen gruppenweise hoch und niedrig sind, so 6—8 Epithelfalten vortäuschend. Durch diesen eigenartigen Aufbau kann das Lumen des Ductus hermetisch geschlossen werden. Dieser Kanal wird bei Schnitten durch die Hinterleibsspitze natürlich zweimal getroffen, einmal im Abdomen links vom Enddarm, dann im Hypopygium. In letzterem hat der Kanal keine Längsmuskeln.

Die Geschlechtsorgane des Weibchens sind den eigenartigen Fortpflanzungsverhältnissen der Tsetse angepaßt, die bekanntlich jeweils eine völlig ausgetragene Larve zur Welt bringt nach Art der „Pupiparae". Während die meisten anderen Insekten und speziell die Fliegen jederseits eine größere Anzahl von Ovarialschläuchen besitzen, hat *Glossina* deren nur einen an jeder Körperseite (Abb. 25) und entsprechend der Eigenschaft, stets nur eine Larve zurzeit zu erzeugen, ist das eine Ovarium (*ov*) stets bedeutend größer als das der anderen Seite. Es gelangt eben abwechselnd jedesmal ein Ei der linken oder rechten Seite zur Reife. Die Ovarienschläuche sind ganz kurz und wie bei den übrigen Fliegen gebildet. Sie münden mit zwei kurzen Gängen in den gemeinsamen Ovidukt (*od*), der in den Uterus hineinführt. Letzterer ist je nach dem Zustand der darin enthaltenen Larve sehr verschieden groß. Seitlich in den obersten Teil des Uterus münden zwei feine Gänge (*ds*), die von zwei miteinander verwachsenen kugeligen Chitinkapseln kommen, welche dicht vor den Ovarien liegen. Es sind die Spermatheken (*sp*) oder Receptacula seminis. Etwas tiefer mündet in den Uterus ein äußerlich unpaarer Gang (*d ad*), der aus zwei Gängen verwachsen ist, den Ausmündungen von paarigen Drüsen (*ad*), welche dorsal und seitlich von den Ovarien liegen. Sie bestehen aus vielfach verästelten Gängen, welche bedeutend größer sind, wenn eine Larve im Uterus liegt. Es sind die Anhangs- oder Milchdrüsen des Uterus, die unzweifelhaft ein Sekret zur Ernährung der Larve erzeugen, wie auch Minchin es annimmt. An den sackförmigen Uterus schließt sich die etwas engere Vagina (*v*) an, welche dicht ventral von dem Anus nach außen mündet. Die Muskulatur habe ich nicht genauer untersucht. Nach Minchin sind am oberen Winkel des Uterus ein Paar Retraktoren vorhanden (*mrv*), am Hinterende zwei Paar Protraktoren, von denen das dorsale (*mpd*) sich an ein paar Chitintergite am Hinterleibsende ansetzt. An die Vagina setzt ein Paar von Dilatatoren an (*md*), die am Vorderrand vom Tergit des siebenten Segments ansetzen. Endlich ist nach Minchin noch ein Paar Muskeln vorhanden, die von der siebenten Tergitplatte zu einem kleinen chitinösen Tergit gehen, das zwischen Vulva und Anus liegt. Diese fünf Muskelpaare sind offenbar bei der Ausstoßung der Larve tätig.

Drückt man den Hinterleib eines Weibchens, so sieht man (Abb. 26), daß hinter

dem scheinbar letzten — siebenten — Hinterleibsring noch ein Paar von Chitinter-
giten zum Vorschein kommt, das achte Segment, und ein hufeisenförmiger Chitin-
körper, der vielleicht das neunte Segment des Fliegenhinterleibes andeutet.

Die weibliche Genitalöffnung (g) liegt innerhalb dieses Chitinhufeisens, der Anus (a) darunter, von ihr meistens noch durch ein winziges Chitinstück getrennt. Aus Analogie können wir annehmen, daß demnach auch das Hypopygium mindestens aus zwei Körpersegmenten aufgebaut ist, wie auch Westhoff (99) es für *Tipula* behauptet.

Betrachtet man nun die weiblichen Genitalorgane an den Schnitten, so sieht man, daß die Ovarien genau so gebildet sind, wie ich (88) es für *Musca* seinerzeit beschrieb. In den Fig. 129 und 130 sind zwei Ovarien von *Glossina* in der verschiedenen Entwickelung der beiden Körperseiten derselben Fliege dargestellt. Unter einer äußeren Peritonealhülle (p) sitzt eine Lage Follikelepithel (f), das die ganze Eikammer einhüllt. Von den sechs bis acht in dieser Kammer enthaltenen Zellen wird die untere zum Ei (c), während die übrigen als Nährzellen zum Aufbau des Eies aufgebraucht werden. An der Spitze der Eikammer liegen die Keimzellen (k), aus denen sich eine neue Eikammer bildet, sobald das Ei aus der alten ausgestoßen ist. Das Ei ist ausgewachsen 1,6 bis 1,76 mm lang und 0,56 bis 0,64 mm breit.

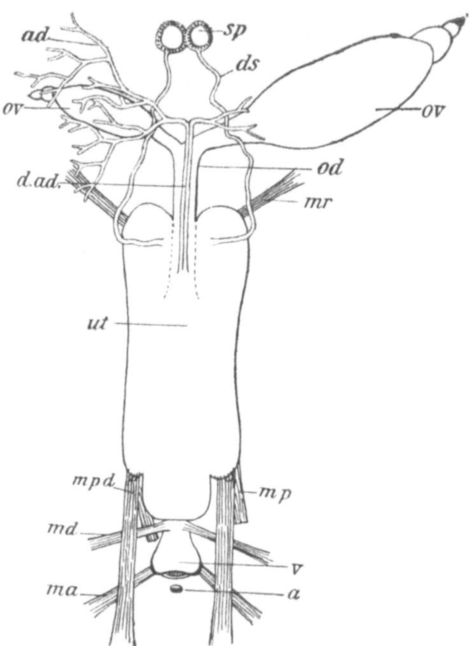

Abb. 25. Schematische Darstellung der inneren weiblichen Geschlechtsorgane (die Muskeln nach Minchin). *ad* Anhangsdrüsen oder Milchdrüsen, *d ad* deren Ausführungsgang. *ov* Ovarien, *od* Ovidukt, *sp* Spermatheke, *ds* deren Ausführungsgänge, *ut* Uterus, *v* Vagina, *mr* Retraktor, *mpd* u. *mpv* dorsaler und ventraler Protraktor, *md* Dilatator der Vagina, *ma* Dilatator der Vulva, *a* Anus.

In Eiern, welche mit Pikrinsäure-Alkohol-Essigsäure konserviert und mit Azur gefärbt sind, beobachtet man blaßrot gefärbte Dotterkörner und ein blaues Plasmanetz. Das blasenförmige Keimbläschen liegt im oberen Viertel des Eies seitlich dem Follikelepithel an. Der Dotter ist von einer feinen Membran umhüllt, über dieser liegt die „Chorion" genannte Hülle, welche genau wie bei *Musca* viele Chitinwärzchen zeigt, die in polyedrischen

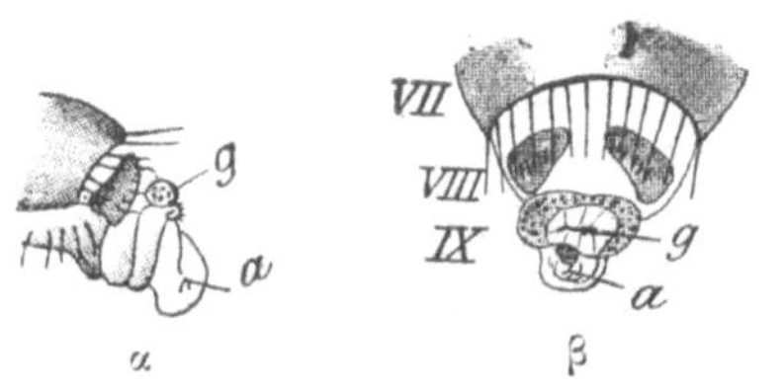

Abb. 26. Die äußeren weiblichen Genitalorgane durch Pressung des Hinterleibes hervorgetrieben. *VII* siebentes Tergit, *VIII*, *IX* die beiden folgenden Tergite, *g* Genitalöffnung, *a* Anus.
α: von der Seite, β: von oben.

Gruppen angeordnet sind. Auf dem Querschnitt sieht man, daß das Chorion aus einer dickeren äußeren und einer dünneren inneren Lamelle besteht, zwischen denen Chitintrabekel stehen, welche ovale Lücken zwischen sich lassen. Durch diesen Aufbau werden offenbar jene Chitinwärzchen vorgetäuscht.

Das Ovarium von *Glossina* ist demnach noch einfacher als das von Pratt (78) beschriebene von *Melophagus* gebaut, wo in einer gemeinsamen Hülle jederseits zwei Ovarialschläuche liegen.

Von den Spermatheken sind bei *Glossina* nur zwei vorhanden, bei anderen Fliegen bekanntlich meist drei. Sie bestehen bei der erwachsenen *Glossina fusca* aus einer kugeligen dicken und gelbgefärbten Chitinmembran (*ch*), die von einer dicken Schicht von Zellen umgeben ist, welche aus zwei ineinander greifenden Lagen gebildet sind, außen großkernige und innen kleinkernige Zellen (Fig. 131). Bei einer eben ausgekrochenen *Glossina tachinoides* (Fig. 132) waren diese Hüllzellen viel flacher und schlossen große Vakuolen zwischen sich ein, außerdem zeigte die Chitinwand der Spermatheken innen feine Leisten oder Knöpfe. Ich weiß nicht, ob dies Verhalten konstant ist. Bei dem Imago sind die Spermatheken mit einem Knäuel der feinen Spermafäden erfüllt. Der Ausführungsgang der Spermatheken (Fig. 133, 134) hat innen eine kräftige Chitinmembran, die wie eine Trachee Spiralverdickungen zeigt. Darüber liegen dünnste Epithelzellen und eine kräftige Ringmuskelschicht, auch einige Längsmuskelfasern kann man nachweisen. Außen ist der Gang von einem peritonealen Überzug bekleidet. Aus seinem Aufbau kann man demnach schließen, daß die Spermatozoen aus der Spermatheke durch die Peristaltik dieses Ganges zum Uterus geführt werden. Eigenbewegungen habe ich bei den Spermatozoen aus dem Hoden oder aus den Spermatheken nicht nachweisen können. Es wird vielleicht ein chemischer Reiz vom Ei ausgehen müssen, um ihre Bewegung auszulösen.

Die Anhangsdrüsen oder Milchdrüsen sind, wie erwähnt, bei der larventragenden Fliege sehr viel größer und verzweigter als bei der Fliege ohne Larve. Untersucht man einen Schnitt durch den Hinterleib einer trächtigen Fliege, so findet man, entsprechend der Verzweigung der Drüsen, zahlreiche Quer- und Längsschnitte derselben. Wie auch Minchin erwähnt, färben sich diese Drüsen so stark, daß man meistens nur blaue Massen mit einem Lumen sieht. Nur auf dünnen Schnitten (Fig. 134) kann man beobachten, daß die keilförmigen Epithelzellen dieser Drüsen ganz mit dunklen Körnchen gefüllt sind, welche fast wie die früher geschilderten „Bakterioiden" aussehen. Nach dem Lumen der Drüse zu ist in jeder Epithelzelle eine Vakuole. Der große Kern liegt ziemlich entfernt vom Drüsenlumen und hat ein großes Kernkörperchen und viele randständige Chromatinkörnchen. Umgeben ist der Drüsenschlauch von einer Tunica propria. Eine Peritonealhülle konnte ich nicht nachweisen. Das Lumen der Drüse ist scharf begrenzt, die Zellen scheinen dort eine feinste Membran zu tragen. Bei anderen *Glossina*-Weibchen (Fig. 135) lagen die einen degenerierten Eindruck machenden Kerne dieser Drüsen mehr am Drüsenlumen und die Vakuolen fehlten. Offenbar degenerieren nach der Geburt die oberen Zweige dieser Anhangsdrüse, die nur noch aus der Tunica propria mit einigen Kernen bestehen, welche sich anscheinend später auch auflösen. In der Fig. 137 habe ich dieselbe Drüse von einer eben ausgekrochenen *Glossina tachinoides* abgebildet, wo sie noch einen embryonalen Eindruck macht. Die Kerne sind viel kleiner, das Plasma der Zellen weniger körnchenreich und demnach fast ungefärbt, im Gegensatz zu dem Aussehen der Drüse bei der erwachsenen trächtigen Fliege.

Diese Drüsenschläuche entsprechen physiologisch und auch wohl sicher morphologisch den „hinteren Milchdrüsen" der Pupiparen, wie sie von Leuckert und anderen, sowie zuletzt ausführlich von Pratt (73) beschrieben sind. In beiden Fällen geschieht die Ernährung der Larve durch das milchartige Sekret, das die Drüsen in den Uterus ablassen, in beiden Fällen liegt die Mündung der Drüsen dort, wo die Larve ihren Kopf hat, so daß sie während des ganzen intrauterinen Lebens geradezu gesäugt wird. Der ganze Darm der Larve ist vollgepfropft mit einer leicht gerinnenden Masse, die aus kleinen Kügelchen besteht und sich nicht färbt. Bei *Glossina* fehlt die bei *Melophagus* beschriebene Muskelschicht an der Milchdrüse, ebenso auch das vordere rudimentäre Milchdrüsenpaar. Eigenartig ist, daß nach Müggenburg (68) bei der Gattung *Braula*, die wahrscheinlich keine lebendigen Larven zur Welt bringt, die Milchdrüsen fehlen sollen.

Der Aufbau der Vagina und des Uterus wird am besten an einer Querschnittreihe studiert. Fig. 138—141 stellt eine solche von einer jungen eben ausgekrochenen Fliege dar; Fig. 138 ist ein wenig oberhalb der Vulva geführt, es sind dabei die oben erwähnten Chitinstücke getroffen, von denen IX das Hufeisen, IXa das kleine unpaare Sternit ist, das zwischen Vulva und Anus liegt. Von der Vagina (*v*) aus geht ein Muskel (*ma*) zu dem Hufeisentergit, der Dilatator der Vagina, während andere Muskelfäden das Hufeisenstück mit dem weichen Chitin verbinden, das zwischen ihm und dem kleinen Sternit liegt. Es sind dies offenbar die Muskeln, die Minchin als letztes Paar beschreibt. Von der Analblase (*ab*) ist nur die ventrale Wand sichtbar. In der Wand der Vagina bei *mp* ist ein Muskelbündel quer getroffen, das offenbar den Protraktoren des Uterus angehört. Der in Fig. 139 dargestellte Schnitt ist etwas höher geführt. Die Vagina ist hier breit gezogen und hat an ihrer Innenseite eine starke, glasige und dehnbare Chitinschicht, die ventral und seitlich lange Chitinlamellen trägt, welche auf Fig. 139a bei stärkerer Vergrößerung dargestellt sind. Es sind feinste hyaline Chitinlamellen, die wie die Barteln eines Wales eine Art von Reuse bilden. Seitlich sitzen der Vagina die Dilatatoren an (*md*) und dorsal und ventral sind feine Muskeln (*mp*) quer getroffen, wahrscheinlich die Protraktoren. Die quergestellte verbreiterte Vagina ist offenbar der Form des Penis angepaßt, der durch die Reusenlamellen festgehalten wird. An der rechten Seite der Figur ist das letzte Hinterleibsstigma mit seinem Öffnungsmuskel getroffen. Bei *x* liegt ein rätselhafter Körper, wie man ihn bisweilen an verschiedenen Stellen des Hinterleibs findet, ein in eine strukturlose Kapsel eingehüllter, sich mit Hämatoxylin stark färbender Strang, der aus einer schwammigen, nicht organisierten Masse ohne Zellkerne besteht. Wahrscheinlich ist es ein degeneriertes Larvenorgan, vielleicht auch ein Stück der eigenartig veränderten Milchdrüse.

Der in Fig. 140 dargestellte Schnitt ist durch das untere Ende des Uterus geführt, wo die Analblase (*ab*) schon ihre Papillen (*ap*) hat. Der Uterus (*ut*) zeigt eine sehr starke hyaline und dehnbare chitinige Innenmembran und ein Epithel, das in die Falten der Membran eindringt. Umgeben ist es von einem System von Muskelfasern. Nach außen setzen sich seitlich Muskeln an, die wohl die Protraktoren (*mr*) sind. Die Fig. 141 zeigt einen Schnitt durch den oberen Teil des Uterus (*ut*), der auch hier noch eine gefaltete, starke, elastische Chitinintima hat und außen von kräftigen Ring- und Längsmukeln umgeben ist. Dorsal davon ist der oberste Teil des Calix getroffen, in den beide Ovidukte (*c*) einmünden, die auch ihre Chitinintima zeigen. Das ganze ist von einer starken Muskulatur umgeben, in der die Ausführungsgänge (*ds*) der beiden Spermatheken seitlich liegen. Außen an dem Calix, zwischen ihm und der Analblase (*ab*), liegt der paarige Ausführungsgang der Milchdrüse. In der Mitte bei *x* beginnt der Uterus. Auf einem Schnitt weiter unterhalb waren die Höhlungen bei *a* und *ut* zusammengeflossen, auf einem weiter oberhalb sind die beiden Ovidukte (*c*) voneinander getrennt. Bei stärkerer Vergrößerung (Fig. 142) sieht man, daß die beiden Ausführungsgänge der Milchdrüsen ein dünnes Innenepithel und eine Chitinintima haben, und daß beide Gänge von einer gemeinsamen dicken Hülle aus elastischen Fasern oder Muskeln umgeben sind, welche ringförmig angeordnet sind. Dieser Doppelgang durchsetzt die Schichten des Uterus und mündet in seinem Lumen im oberen Drittel desselben.

Bei der trächtigen Fliege ist der Uterus stark erweitert. Seine Cuticularintima und das Epithel sind vielfach gefaltet, besonders wenn es sich wie auf Fig. 143 nach Entfernung der Larve zusammengezogen hat. Von oben ist der Calix (*c*) mit den beiden Ovidukten, von unten die Vagina (*v*) in den Uterus ein wenig eingestülpt, so daß man auf einem Schrägschnitt, wie Fig. 143, beide trifft. Die Muskulatur ist im allgemeinen in eine innere Ring- und eine äußere Längsschicht angeordnet, doch gehen vielfach die Fäden auch durcheinander. Bei etwas stärkerer Vergrößerung ist in Fig. 144 ein Stück der Uteruswand eines alten Weibchens, welches bei uns in *Amani* acht Larven zur Welt gebracht hat, dargestellt. Die Fliege war nach Ablage der Larve getötet, so daß der Uterus sich kontrahiert hatte. In dem graviden Uterus (Fig. 145) ist die Muskulatur, wenn auch noch in innere Ring- (*mr*) und äußere Längsfasern (*ml*) angeordnet, ganz aufgelockert, die Muskelfäden sind vielfach verschlungen und auch anastomosierend, ähnlich wie Pratt (73) dies an dem Uterus von *Melophagus* beschreibt. Eigenartig ist, daß diese Fliege an der dorsalen Seite des Uterus eine starke Verdickung des Epithels hatte (*ep*), deren Bedeutung mir nicht klar ist. Die Binnencuticula ist bei dem trächtigen enorm erweiterten Uterus ganz dünn und ausgezogen.

Leider konnte ich nicht viele Weibchen untersuchen, um die Anatomie genauer festzustellen, da wir jedes Weibchen dringend für die Nachzucht gebrauchten, um infektionsfreie Experimentiertiere zu bekommen.

X. Die Fortpflanzung.

Alle Umstände sprechen dafür, daß nur einmal im Leben das Weibchen von *Glossina* befruchtet wird. Die beiden Spermatheken enthalten dann genug Vorrat von Sperma, um für alle Eier zu genügen, die das Weibchen erzeugt. Dies bedingt auch, daß beim Männchen nur einmal Sperma entwickelt zu werden braucht, und zwar in der Puppe, so daß beim erwachsenen Männchen die Testikel eigentlich nur Spermareservoire sind. Es wurde beobachtet, daß nur frisch ausgeschlüpfte Weibchen die Männchen annehmen, später nicht mehr. Bei der Kopulation befindet sich das Männchen auf dem Rücken des Weibchens und schlägt von hinten das Hypopygium um die Hinterleibsspitze des Weibchens herum, dort die Haken einschlagend und offenbar den Penis in die Vulva einführend. Berlese (9) behauptet, daß umgekehrt bei *Musca domestica* der erectile Ovipositor des Weibchens in die Genitalöffnung des Männchens eingeführt wurde.

Die Befruchtung des Eies findet wohl beim Austritt aus dem Ovarium in den Uterus statt. Die Mikropyle des Eies liegt an seinem oberen Ende, also gerade dort, wo die Mündungen der Ausführungsgänge der Spermatheken liegen, wenn das Ei in den Uterus aufgenommen ist. Das Ei durchläuft im Uterus seine ganze embryonale und Larvenentwickelung.

Im Uterus findet man die abgeworfene Eihaut liegen. Ob auch die Larve sich im Uterus häutet, konnte ich nicht feststellen. Bekanntlich häutet sich die Larve von *Musca* dreimal. Bei parasitischen Hymenopteren (*Apateles glomeratus*) soll sich nach Seurat[1]) die Larve im Wirtstier ebenfalls häuten. Es ist also sehr gut möglich, daß dies auch bei der Larve von *Glossina* im Uterus geschieht.

Die Larve wird offenbar, wie oben erwähnt, von dem Sekrete der Milchdrüsen ernährt, sobald der Dotter des Eies aufgebraucht ist. Im Uterus liegt die Larve mit ihrem hinteren Ende nach abwärts gerichtet. Dort befinden sich ihre Tracheenöffnungen. Ob sie während des intrauterinen Lebens aber damit atmet, ist mir unbekannt. Denkbar ist dies, denn wie ich oben bei Gelegenheit der Besprechung von Fig. 102 erwähnte, münden die zwei großen Tracheenlängsstämme der Larve mit vier dickwandigen Chitinröhren in die große Höhlung des schwarzen, dick-chitinisierten Hinterendes der Larve ein. Auch setzen dort, wo das Hinterende der Larve lagert, die Dilatatoren des Uterus an ihn an und können wohl Raum schaffen, so daß Luft eindringen kann.

Es wird die vollkommen ausgebildete Larve ausgestoßen. Der Geburtsakt geht meist schnell vor sich, dauert aber bisweilen $\frac{1}{4}$ Stunde und länger. In solchem Falle kann man sehen, wie das Tier sich mit den Hinterbeinen selbst Geburtshelferdienste leistet. Mehrfach kam es vor, daß Fliegen während der Geburt starben, bisweilen konnte noch die Larve durch Öffnung der Mutter lebensfähig zur Welt gebracht werden. Dann und wann wurden noch unentwickelte Larven ausgestoßen, vielleicht infolge der ungeeigneten Lebensweise der Fliegen in der Gefangenschaft.

Daß die Larven keine Verbindung zwischen Darm und After haben, erwähnte ich oben, sie können deshalb während des ganzen uterinen Lebens keine Exkremente vor sich geben. Ihr Darm ist prall mit einer feinkörnigen Masse gefüllt, die sich mit Hämatoxylin nicht färbt und die wohl ausschließlich aus dem Sekret der Milchdrüsen besteht. Aus dem Umstand, daß in der Larve fast keine Exkremente vorhanden sind, glaube ich schließen zu können, daß fast die ganze Masse des Milchsekretes von der Larve verdaut wird.

Präpariert man ein tragendes Weibchen, so sieht man, daß die Larve im Uterus ziemlich intensive Bewegungen macht. Die Larve erscheint bei der Geburt mit dem

---

[1]) Seurat, Contribution à l'étude des Hymenoptères entomophages. Ann. Sc. nat. Zool. X. 1869.

hinteren, schwarzen Ende zuerst. Sie ist bei *Glossina fusca* 9—10 mm lang und 2—3 mm dick. Ihre Gestalt ist von Bruce, Austen und Sander ausführlich beschrieben. Zur Orientierung gebe ich in der Abb. 27 eine Skizze der erwachsenen Larve; sie ist blaßgelblich-weiß, fein gekörnelt, das Hinterende glänzend schwarz und chagrinartig gekörnt.

Da Geheimrat Prof. Dr. Koch die Resultate der Beobachtungen über die Vermehrung der *Glossina* jedenfalls bald ausführlich bekannt geben wird, will ich hier nur kurz anführen, daß ein Weibchen in der Gefangenschaft und bei der Zimmertemperatur von Amani (23—25 ⁰ C.) etwa alle 10—22 Tage, offenbar je nach der Temperatur, (durchschnittlich etwa alle 12 Tage) eine Larve zur Welt brachte, und daß z. B. ein hier in der Gefangenschaft gehaltenes Weibchen in 3¹/₂ Monaten 8 Larven ausstieß, von denen zwei nicht lebensfähig waren. So lange hier in Amani Fliegen gehalten wurden, d. h. einstweilen von Anfang September 1905 bis Mitte Mai 1906,

Abb. 27. Erwachsene, eben ausgestoßene Larve von *Glossina fusca*. Vergr. 6.

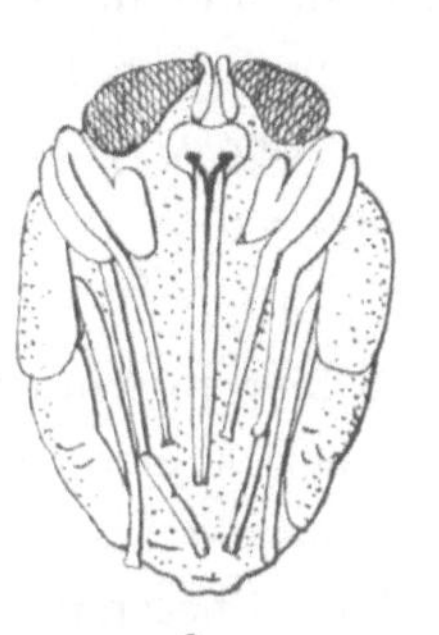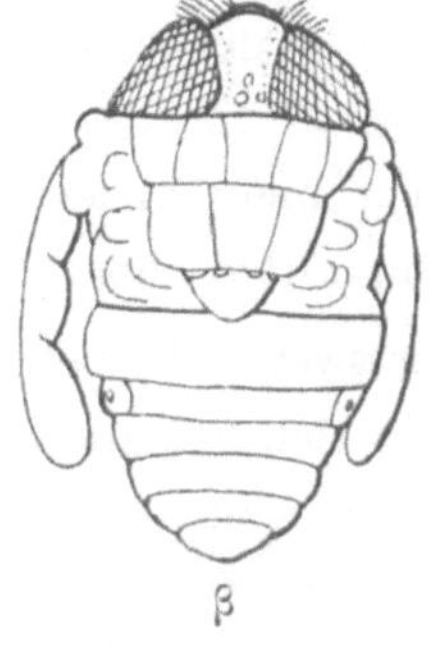

Abb. 28. Skizze der von der Puppenhülle befreiten halbausgebildeten Fliege. α: von unten, β: von oben.

ging die Larvenablage in annähernd gleichen Pausen ununterbrochen vorwärts, in der warmen Zeit etwas rascher als in der kühlen. Ich sehe deshalb nicht ein, weshalb in der Natur nicht während des ganzen Jahres Larven zur Welt gebracht werden können.

In dieser äußerst langsamen Weise vermehrt die *Glossina* sich demnach offenbar das ganze Jahr hindurch, wenn auch vielleicht die größte Nässe und die größte Tröckenheit für die Entwicklung der Puppen ungünstig sein mögen.

Legt man die frisch geborene Larve in eine Glasschale oder auf Fließpapier, so kriecht sie eine Zeitlang umher, genau wie eine gewöhnliche Fliegenmade, zieht sich dann bald zusammen, ihre Chitinhaut verdickt und verdunkelt sich und in etwa ³/₄ Stunden ist eine „Tönnchenpuppe" gebildet. Bringt man aber die Larve auf mäßig feuchten Sand, so bohrt sie sich sofort ein, macht einen richtigen Gang und gelangte in einem Falle 8¹/₂ cm tief. Es dauerte unter solchen Bedingungen 1¹/₄ bis 1¹/₂ Stunden, bis die Larven sich in die Puppen verwandelt hatten. In trockenem Sande gelangte eine Larve nicht so tief, da hier beim Graben des Ganges der Sand immer nachrutschte, immerhin aber doch 2—3 cm tief. So werden die Larven es wohl auch in der Natur machen. Die Fliege wird die Larve an einen geschützten wenig feuchten Platz ablegen, und die Larve wird sich dort einbohren. Es ist klar, daß man die so geschützte Brut durch Grasbrände nicht zerstören kann.

Die Puppe ist von Austen (4) ausgezeichnet abgebildet worden. In der Abb. 28 gebe ich eine von der Hülle befreite etwa 40 Tage alte Puppe wieder, um die Lage der Gliedmaßen in derselben zu zeigen.

Die Puppenruhe betrug in Amani 30—65 Tage, wohl je nach der Temperatur. Im Brutschrank bei 30 ⁰ C. gehaltene Puppen krochen durchschnittlich nach etwa 36 Tagen aus. *Glossina fusca* scheint eine etwas längere Puppenruhe als *Gl. tachinoides* zu haben.

Die Fliege sprengt den Deckel der Puppe, steckt ihre Kopfblase aus der Öffnung, preßt ihre Körperflüssigkeit in diese Blase hinein, so daß ihr Körper dünn genug wird, um aus der Puppenhaut auskriechen zu können. Sofort nach dem Ausschlüpfen zieht sie die Kopfblase ein, die dann nie wieder benutzt wird. In kurzer Zeit saugt die junge Fliege Luft in ihre Tracheen ein und dehnt sich dadurch sehr aus; die bisher gefalteten Flügel strecken sich, und der Hinterleib schwillt auf das 2—3fache an. Der Rüssel, welcher in der Puppe nach hinten gerichtet war, streckt sich nach vorne, und das Chitin des ganzen Tieres erhärtet. Nach 3—5 Stunden kann man der Fliege nicht mehr ansehen, daß sie noch ganz jung ist. Am ersten Tage saugt sie nur ungern, nimmt aber schon am zweiten gierig Blut auf.

Erwähnenswert ist noch, daß hier in Amani zweimal von hier geborenen Weibchen, zu denen sicher keine Männchen kamen, ausgebildete Larven zur Welt gebracht wurden. Es findet demnach bei *Glossina* ausnahmsweise eine *Parthenogenesis* statt, wie das auch bei anderen Insekten, besonders bei Schmetterlingen, Tentredinen, Ichneumoniden, Phasmiden und bei einigen Dipteren und Käfern vorkommt. Henneguy (40) stellte solche Fälle zusammen. Ich selbst (88) beobachtete beim Liguster-Schwärmer und bei *Musca vomitoria* parthenogenetische Kernteilung an den Eiern. Neuerdings ist auch bei Mücken von Lücke (59) und Kellog (43) Parthenogenese beobachtet.

Außer bei den Blattläusen ist das Hervorbringen lebendiger Larven bei Insekten ziemlich selten. Es kommt außer bei einigen von Schiödte beobachteten *Staphylinen* fast nur noch bei *Dipteren* vor. Bei jenen *Staphylinen* der Gattungen *Corotoca* und *Spirachtha* sollen besondere Drüsen, welche die Genitalwege auskleiden, den Nahrungsstoff der jungen Larven aussondern.

Bei den *Dipteren* bringen außer den *Pupiparen* und der Gattung *Glossina* noch einige Arten von *Musca*, *Anthomyia*, *Sarcophaga*, *Tachina*, *Dexia* und *Mittogramma* Larven zur Welt. Ebenso sind die pädogenetischen Gallmücken lebendig gebärend (zitiert nach Henneguy 40).

XI. Abhängigkeit der Glossina von äußeren Einflüssen.

Um die Abhängigkeit der *Glossinen* von den äußeren Bedingungen zu untersuchen, müssen wir zunächst feststellen, wie dieselben an ihren natürlichen Aufenthaltsorten sind. *Glossina fusca* kommt unmittelbar bei Daressalam in Meereshöhe und am Fuße von Ost-Usambara in etwa 200 m Höhe vor. In Daressalam sind nach Maurer (61) folgende meteorologische Konstanten beobachtet:

Jahresmittel . . . . 25,4° C.
Mittlere Bodentemperatur . . . . 26,2° „
Maximale   „   . . . . 29,4° „
Minimale   „   . . . . 24,0° „
Absolutes Maximum . . . . 35,0° „
Absolutes Minimum . . . . 17,1° „
Mittlere Strahlungswärme . . . . 56,2° „
Strahlungsmaximum . . . . 66,5° „
Mittlere relative Feuchtigkeit . . . . 81 %
Minimum relativer Feuchtigkeit . . . . 36 %

In Tanga ist das Jahresmittel 25,7° C, das absolute Maximum 35,2° C, das
absolute Minimum 14,6°, die mittlere relative Feuchtigkeit 83 % und das Feuchtig-
keits-Minimum 42 %. Die Gegenden am Fuße der Usambara-Berge werden ein etwas
höheres Maximum und ein etwas tieferes Minimum haben.

Masinde, weiter landeinwärts am Rande der Steppe gelegen, hat z. B. Extreme
von 37,7° und 12,8°. Als ferneren Platz, in dessen weiterer Umgebung noch Glossinen
vorkommen, führe ich Tabora an, wo folgendes 1893—1899 beobachtet ist:

Jahresmittel der Temperatur . . . . 22,6°
Absolutes Maximum . . . . , ... 36,7°
Absolutes Minimum . . . . 9,2°
Durchschnittliche relative Luftfeuchtigkeit . . . . . 66 %
Absolutes Minimum der relativen Luftfeuchtigkeit . . 22 %

In der Höhe von Ost-Usambara leben keine *Glossinen*, man findet dort nur
bisweilen verflogene Exemplare von *Glossina fusca*, die den Schlachttieren folgen.
Am Orte Bulwa in 920 m Höhe in Ost-Usambara sind z. B. folgende Konstanten
beobachtet:

Durchschnittstemperatur . . . . 20,9°
     „   Maximum . . . . 25,3°
     „   Minimum . . . . 15,5°
Absolutes   Maximum . . . . 31,6°
     „   Minimum . . . . 9,7°

Amani hat vielleicht eine etwas geringere Durchschnittstemperatur, 1905 war sie
19,6°, die durchschnittliche Feuchtigkeit 85 %.

Ebenso wenig gibt es *Glossina* in Kwai (West-Usambara 1608 m), wo folgendes
beobachtet wurde:

Mitteltemperatur . . . . 16,2°
Absolutes Maximum . . . . 30,6°
     „   Minimum . . . . 5,5°
Durchschnittsfeuchtigkeit . . . . 78 %
Absolutes Minimum relativer Feuchtigkeit . . . . 23 %

Man kann demnach einstweilen annehmen, daß an meteorologischen Elementen
die *Glossina* etwa eine mittlere Jahrestemperatur von 23—26° C mit einem absoluten
Maximum von 36—37° und einem absoluten Minimum von 10—12°, sowie ziemlich

hohe relative Feuchtigkeit (Durchschnitt 66—83 %, Minimum 22—42 %) nötig hat. Nach den Beobachtungen leben *Glossina fusca*, *Gl. pallidipes* und *Gl. tachinoides* zusammen an einem Ort (z. B. bei Kerenge im Luengeratal) doch sind letztere Arten viel empfindlicher als *Glossina fusca*; alle drei scheinen bedecktes Buschland, das warm-feucht ist, zu bevorzugen (Daressalam, Hinterland von Tanga, Länder im Westen und Süden des Viktoriasees usw.). *Glossina morsitans* scheint mehr das trockene Binnenland zu lieben, kommt aber auch oft mit *Glossina fusca* zusammen vor. An sehr feuchte Gebiete z. B. an das unmittelbare Ufer von Seen und Flüssen gebunden ist *Glossina palpalis*, die Überträgerin der Schlafkrankheit. Es scheint die Art zu sein, welche die größte Luftfeuchtigkeit nötig hat. Es ist die *Glossina*-Art des westafrikanischen Waldgebietes. Dagegen wird *Glossina longipalpis* in ziemlich trockenem Lande aufgefunden z. B. an der Ugandabahn oberhalb von Voi.

Regen schadet den Glossinen nichts, alle Feuchtigkeit fließt von ihnen in Perlen ab, wahrscheinlich durch einen Fettüberzug oder durch die Haarbedeckung ihrer Haut abgestoßen. So gelingt es z. B. nicht, beim Präparieren Fliegen ohne weiteres unterzutauchen, man muß erst durch Bestreichen mit Alkohol ihre Körperbedeckung für Wasseraufnahme fähig machen. Dieses Vermögen, Feuchtigkeit abzustoßen, er-klärt auch die Vorliebe der Tsetsefliegen für regnerische Tage, an denen sie besonders rege sind; der Regen schadet ihnen nichts, und sie haben die Sonnenstrahlen nicht zu fürchten, Umstände, welche ihnen sonst nur abends und morgens geboten werden. Selbstverständlich sind die klimatischen Faktoren nur ein Teil der äußeren Be-dingungen. Wie alle Beobachter angeben, spielt die Bodenbedeckung eine große Rolle, alle *Glossinen*-Arten scheinen den Schatten zu bevorzugen und die pralle Sonne zu fliehen; es sind Tiere der Abend- und Morgenstunden. Auch die Bodenbeschaffenheit hat schon wegen der Larvenablage einen Einfluß; wenigstens scheint hierfür leichter, ein wenig feuchter Boden das beste zu sein.

Systematische Experimente lassen sich am besten mit Temperatur und Feuchtig-keit anstellen, ich habe aber nur wenige gemacht. Man kann schon an gefangenen Tieren beobachten, daß sie in Gefäßen, auf welche die Sonne scheint, sich nur kurze Zeit, in verschlossenen Gläsern gar nicht halten. Ob die stagnierende Luft dies macht oder die Strahlungswärme, muß geprüft werden. Starke Trockenheit bei Zimmer-temperatur von 23—25° wird gut vertragen. Im Exsikkator, wo das Psychrometer 0 % Feuchtigkeit angab, lebten Fliegen tagelang, wenn sie auch ruhig und teilnahms-los dasaßen und nach 5—6 Tagen starben. Besser vertragen sie bei derselben Tem-peratur mit Feuchtigkeit möglichst gesättigte Atmosphäre, die durch Aufhängen von nassem Fließpapier in ihrem Käfig erzeugt wurde (ca. 85 %). *Glossina fusca* scheint, wie erwähnt, weniger empfindlich in ihrem Feuchtigkeitsbedürfnis als *Gl. palpalis* zu sein, von der ich durch die Herren der Uganda-Schlafkrankheits-Kommission hörte, daß sie nur zu halten ist, wenn die Käfige auf eine Unterlage von feuchtem Fließ-papier gestellt würden, was *Gl. fusca* bei hiesiger Zimmertemperatur nicht nötig hat.

Geht man durch Einsetzen der Tiere in Brutschränke mit der Temperatur hinauf, z. B. auf 35° C, so wird trockene Wärme sehr schlecht vertragen. Die Tiere sterben nach einem Tage, wogegen nach Aufstellung von einem Wassergefäß im Brutschranke sie sich gut halten. Sehr geeignet scheint eine Temperatur von 30° bei Gegenwart von Feuchtigkeit für sie zu sein.

Es muß noch das Maximum der Temperatur geprüft werden, welche vertragen wird, fernei die Verdauungsgeschwindigkeit bei verschiedener Temperatur und bei Feuchtigkeitsextremen, sowie die Periode für die Larvenablage und für die Entwicklung der Puppe bei verschiedenen Temperaturen.

Während der Infektionsversuche wurden eine Anzahl Experimente in dieser Beziehung gemacht, die aber zu keinem abschließenden Resultat führten. Bei 32° C und Feuchtigkeit gehaltene Weibchen blieben gesund, legten aber ihre Larven auch nur in Pausen von 10—12 Tagen ab, die Puppen krochen in 32—38 Tagen aus, aber manche der so gewonnenen jungen Fliegen waren verkrüppelt und nicht lebensfähig.

Drei Experimente über die Verdauung von Fliegen, die im Exsikkator und in der feuchten Kammer bei Zimmertemperatur von etwa 23—25° C. gehalten wurden, mögen hier nachfolgen:

I a. Fliege im Trockenraum, Männchen, wog leer 0,0561 g, vollgesogen 0,1832 g, sie hatte demnach 0,1271 g Blut oder 226% ihres Leergewichtes aufgesogen.

Nach 1 Tag   Gewicht 0,1037 g hiernach verdaut 0,0795 g
„ 2 Tagen „   0,0845 „   „   „   0,0192 „
„ 3 „   „   0,0680 „   „   „   0,0165 „
„ 4 „   „   0,0574 „   „   „   0,0106 „
„ 5 „   „   0,0496 „   „   „   0,0078 „

am 5. Tag starb die Fliege.

I b. Eine andere männliche Fliege im gleichen Trockenraum wog leer 0,0659 g, vollgesogen 0,1744 g, hatte demnach 0,1085 g Blut oder 165% ihres Leergewichtes aufgesogen.

Nach 1 Tag   Gewicht 0,1136 g also verdaut 0,0608 g Blut
„ 2 Tagen „   0,0924 „   „   „   0,0212 „   „
„ 3 „   „   0,0768 „   „   „   0,0156 „   „
„ 4 „   „   0,0094 „   „   „   0,0094 „   „
„ 5 „   „   0,0570 „   „   „   0,0104 „   „

danach starb die Fliege.

II. Fliege in der feuchten Kammer, Männchen, wog leer 0,0634 g, vollgesogen 0,1448 g, sie hatte demnach 0,0814 g Blut oder 128% ihres Leergewichtes aufgesogen.

Nach 1 Tag   Gewicht 0,0850 g demnach verdaut 0,0598 g
„ 2 Tagen „   0,0769 „   „   „   0,0081 „
„ 3 „   „   0,0737 „   „   „   0,0032 „
„ 4 „   „   0,0681 „   „   „   0,0056 „
„ 5 „   „   0,0659 „   „   „   0,0022 „

Um diese Zahlen mit den früher gewonnenen vergleichen zu können, nehme ich die Durchschnittszahlen von den beiden Männchen der ersten vier Versuche (s. o. Seite 49), wobei der abnorme Todestag bei Versuch Nr. 1 fortgelassen wird.

5*

Es ergab sich danach:

A. Durchschnitt von 2 männlichen Fliegen bei Zimmertemperatur von 23—25° C. und normaler relativer Feuchtigkeit von etwa 60—70%.

Leergewicht 0,0572 g, Gewicht vollgesogen 0,1372 g, aufgenommenes Blut 0,0800 g = 139% des Leergewichts.

	g	% der aufgesogenen Blutmenge:	oder % des Leergewichts:
Verdaut am 1. Tage	0,0385	48	67
„ „ 2. „	0,0181	23	32
„ „ 3. „	0,0076	10	13
„ „ 4. „	0,0052	7	9
„ „ 5. „	0,0036	4	6

B a. Fliege bei Zimmertemperatur von 23—25.° C. und 0% relativer Feuchtigkeit. Leergewicht 0,0561 g, Gewicht vollgesogen 0,1832 g, aufgenommenes Blut 0,1271 g = 226% des Leergewichtes.

	g	% der aufgesogenen Blutmenge:	oder % des Leergewichts:
Verdaut am 1. Tage	0,0795	63	142
„ „ 2. „	0,0192	15	43
„ „ 3. „	0,0165	13	29
„ „ 4. „	0,0106	8	19
„ „ 5. „	0,0078	6	14

B b. Fliege unter gleichen Bedingungen wie B a. Leergewicht 0,0659 g, vollgesogen 0,1744 g, aufgenommenes Blut 0,1085 g oder 165% des Leergewichtes.

	g	% der aufgesogenen Blutmenge:	oder % des Leergewichts:
Verdaut am 1. Tage	0,0608	55	92
„ „ 2. „	0,0212	18	32
„ „ 3. „	0,0156	14	25
„ „ 4. „	0,0094	8	14
„ „ 5. „	0,0104	9	15

C. Fliege bei Zimmertemperatur von 23—25° C. und 85% relativer Feuchtigkeit. Leergewicht 0,0634 g, Gewicht vollgesogen 0,1448 g aufgenommenes Blut 0,0814 g = 128% des Leergewichts.

	g	% der aufgesogenen Blutmenge:	oder % des Leergewichts:
Verdaut am 1. Tage	0,0598	73	91
„ „ 2. „	0,0081	10	13
„ „ 3. „	0,0032	4	5
„ „ 4. „	0,0056	6	8
„ „ 5. „	0,0022	3	3

Es ist natürlich gefährlich, aus solch geringen Zahlen Schlüsse zu ziehen, doch hat es den Anschein, als ob bei der in der feuchten Kammer gehaltenen Fliege die geringeren Abweichungen von dem Normalen festzustellen sind, während bei den trocken gehaltenen eine relativ größere Blutaufnahme und ein bedeutend intensiverer Verbrauch des aufgesogenen Blutes im Verhältnis zum Leergewicht stattfinden, während der Verbrauch im Verhältnis zur aufgenommenen Blutmenge bei beiden etwa gleich, aber höher als bei dem durchschnittlichen Normaltier ist. Bei beiden aber ist der Verbrauch in den ersten 24 Stunden bedeutend größer als bei den beiden unter normalen Verhältnissen gehaltenen Tieren.

Praktisch, um die *Glossinen* wenigstens an beschränkten Orten zu vertilgen, sind alle diese Resultate nicht zu verwenden. Wir haben auch dahingehend allerhand Versuche gemacht, ohne jedoch zu einem greifbaren Resultat gekommen zu sein. So wurden Esel mit dem furchtbar stinkenden Oleum animale fötidum bestrichen, die *Glossinen* gingen nicht heran, aber den Eseln selbst bekam diese Behandlung schlecht. Ihnen mit diesem Öl bestrichene Lappen einfach anzuhängen, hatte nicht den gewünschten Erfolg. Eine Besprengung des Weges, der durch eine sehr von Tsetse heimgesuchte Gegend führte, mit dem Stinköl hatte gar keinen Erfolg. Da die Tsetsen den Schatten von niederen Büschen nötig zu haben scheinen, wurden diese auf je 50 m seitwärts des Weges abgeschlagen. Da nun aber die Tsetsen meist in den etwas feuchteren Gebieten vorkommen, die dichter bewachsen sind, und wo der Busch sich schlecht verbrennen läßt, auch bald nachwächst, so läßt sich dies Verfahren nur schlecht durchführen, und verspricht daher nur geringen praktischen Erfolg [1]).

Bei Amani haben wir fast ein Jahr lang ungezählte Tausende von *Glossinen* fortgefangen, ohne daß eine Abnahme derselben bemerkbar gewesen wäre. Bei der sehr langsamen Vermehrungsart der Tsetse läge es nahe, sie durch Fortfangen der Weibchen zu vernichten, doch lassen diese sich eben sehr viel schwieriger als die Männchen fangen. Kurz, eine brauchbare Methode, die Fliegen zu vernichten, kennen wir bisher noch nicht. Ganz kleine begrenzte Gebiete lassen sich allerdings durch Abholzen von den *Glossinen* befreien, wie die Engländer es bei *Gl. palpalis* am Viktoria-See besonders bei Entebbe ausführten, aber im großen wird diese Methode auch unter Anwendung ganz bedeutender Mittel kaum durchzuführen sein. Kleine beschränkte Gebiete, wie zB. eine Insel, fliegenfrei zu machen, dürfte möglich sein, doch ist stets die Gefahr vorhanden, daß neue Fliegen von auswärts einwandern, wenn überhaupt das Klima ihnen zusagt.

Denkbar ist, daß man bei noch genauerer Kenntnis der Lebensgewohnheiten der Tsetsen eine Bekämpfungsmethode derselben findet, einstweilen ist sie noch unbekannt. Auch eine Infektionskrankheit der Fliegen, wie etwa Pilze aus der Gruppe *Entomophtora* oder *Empusa*, sind bisher für die Tsetsefliege nicht gefunden. Nur einmal habe ich Pilzfäden in einer *Glossina* nachweisen können, jedoch war es nicht möglich, sie weiter zu vermehren.

---

[1]) Ganz neuerdings hat in einem Schreiben an das Institut für Tropenhygiene in Hamburg, welches mir von der Kolonialabteilung des Auswärtigen Amtes zur Einsicht gegeben wurde, der Geheime Hofrat Prof. Dr. Neusser aus Wien darauf aufmerksam gemacht, daß Tiere nach Einverleibung sehr geringer Mengen von tellursaurem Kali einen furchtbaren Geruch nach Knoblauch bekommen. Man müßte demnach versuchen, ob durch eine Vorbehandlung mit diesem Präparat Tiere zeitweilig gegen die Angriffe der Tsetsefliegen geschützt werden.

Bei dem Kampfe gegen die furchtbaren Verheerungen, welche die Arten der Gattung *Glossina* durch Verbreitung der Tsetsekrankheit und der Schlafkrankheit anrichten, wird man wahrscheinlich mit einer Behandlung der leichter erreichbaren Warmblüter vorgehen müssen und diese von *Trypanosomen* zu befreien suchen, sei es durch Isolierung, sei es durch Behandlung mit Chemikalien oder mit Serum-präparaten.

XII. Die Entwickelung der Trypanosomen in der Tsetse.

Ich beabsichtigte zuerst, hier die Resultate anzufügen, die Oberarzt Dr. Kudicke und ich bei dem Studium der *Trypanosomen*-Entwickelung in der Tsetsefliege gewonnen hatten. Die nähere Sichtung des Materials aber ließ erkennen, daß noch recht viele Punkte der Aufklärung bedürfen, außerdem fehlte mir während eines kurzen Heimatsurlaubes die Zeit und Muße, diese Frage weiter zu verfolgen. Ich beschränke mich demnach hier auf ganz kurze Bemerkungen.

Wir verfolgten den Zweck, sowohl die Lebensgeschichte des *Trypanosoma* in der Fliege zu untersuchen, als auch die Bedingungen festzustellen, unter denen die Tsetse mit *Trypanosomen* infiziert wird und unter denen sie diese Infektion auf die Warm-blüter überträgt. Es wurden zu diesem Zwecke viele Tausende von frisch gefangenen Fliegen untersucht, und außerdem aus gefangen gehaltenen Weibchen junge Fliegen gezüchtet, die somit sicher frei von Infektion waren. Denn es kann als festgestellt gelten, daß die *Trypanosomen* sich auf die Nachkommenschaft der Tsetse nicht übertragen. Wir haben nach dem Vorgang von Schaudinn und anderen vielfach versucht, die noch feuchten Ausstrichpräparate mit Sublimatalkohol, Osmiumsäure und anderen Chemi-kalien zu härten, sind aber immer wieder zu der Trockenmethode mit Härtung durch Alkohol-Äther und Färbung nach Giemsa zurückgekommen. Es stellte sich während der Untersuchung heraus, daß die von Koch[1]) veröffentlichte Methode, nur den Rüssel der gefangenen Tsetsen zu untersuchen, nicht ausreicht. In ihm sind weit seltener die Parasiten zu finden als in den hinteren Abschnitten des Verdauungs-kanals. Wir präparierten diesen durch Herausquetschen aus dem Hinterleib und untersuchten Hinterdarm, Mitteldarm und Vorderdarm getrennt voneinander, ebenso den Proventriculus und den Rüssel, in welch letzterem nur dann *Trypanosomen* vor-kommen, wenn sie auch im Proventriculus enthalten sind. Da die Präparation des Proventriculus für Massenuntersuchungen zu zeitraubend war, haben wir meist die Flüssigkeit untersucht, die sich nach Abschneiden des Hinterleibes aus dem Thorax herauspressen läßt und in welcher der Inhalt des Oesophagus und des Proventriculus mit enthalten ist. Im Enddarm und in den anderen Organen der Tsetse haben wir ebensowenig *Trypanosomen* gefunden, wie in ihrer Blutflüssigkeit.

Untersucht man die in der Natur frisch gefangenen Fliegen, so findet man, je nach der Lokalität, von der sie stammen, 3 bis 14% derselben mit *Trypanosomen* im Rüssel und stets eine größere Anzahl, deren Darm *Trypanosomen* enthält. Die Verhältniszahl der Rüsselinfektion und Darminfektion habe ich nicht festgestellt. Da

---

¹) R. Koch, Vorläufige Mitteilungen über die Ergebnisse einer Forschungsreise nach Ost-afrika. Deutsche medizinische Wochenschrift 1905, Nr. 47.

nun die Fliegen in der Freiheit natürlich zu sehr verschiedenen Zeiten infiziert waren, beobachtet man in ihnen alle Entwickelungsstadien der *Trypanosomen* nebeneinander, welche R. Koch bereits beschrieben hat.

Dabei stellte sich heraus daß die indifferenten Formen zwar besonders im Hinterdarm, aber auch sonst im ganzen Nahrungskanal bis in den Rüssel hinein vorkommen, die langen Formen fast nur im Oesophagus und Proventrikel, manchmal auch im Rüssel und Vorderdarm, und die kleinen Formen, welche den Blepharoblasten vor dem Kerne tragen, nur im Proventriculus, Oesophagus und Rüssel. Sehr häufig findet man auch amöboide Formen mit verkümmerter oder ganz fehlender Geißel. Oft sind diese amöboiden Formen in enormen Mengen vorhanden, aber fast nur bei hungrigen Fliegen. Es scheint mir, daß es sich um Ruhestadien handelt, während der Fliegendarm leer von Blut ist. Meist haben diese amöboiden Formen nur 1—2 Kerne, ich sah aber auch Riesenamöboiden mit 4—16 Kernen (Fig. 154). Ich glaube, daß es sich hier nur um abnorme Entwickelungsformen handelt, die sich meistens wohl wieder zu geißeltragenden *Trypanosamen* heraufdifferenzieren können. Man kann dabei beobachten, wie Schaudinn (84) und Prowazek (74) es anführen, daß der Kern des *Trypanosoma* sich zweimal in ungleichmäßige Stücke teilt und daß aus den kleineren Stücken Blepharoblast und Geißel werden (Fig. 153 *a—c*). Der Körper der indifferenten Formen ist arm an Ektoplasma, färbt sich violett bis bläulich, und das geißellose Hinterende ist meistens etwas ausgezogen. Massenhaft sieht man Teilungsstadien der indifferenten *Trypanosomen*, oft mit zwei und mehr Kernen, wobei der Blepharoblast sich zuerst teilt und die beiden Geißeln an derselben Seite des Tieres liegen.

Die langen Formen, die Koch beschrieb, kommen sowohl mit länglichem Kern mit acht Chromosomen vor als auch mit ganz langen Kernen (Fig. 155), deren bis zu 32 Chromosomen paarweise wie die Sprossen einer Leiter angeordnet sind. Wir fanden diese langen *Trypanosomen* nur im Oesophagus und Proventrikel, seltener auch im Rüssel. Doch findet man sie im ganzen recht selten bei den Fliegen, unter 100 infizierten *Glossinen* haben kaum 5—10 diese Formen. Es scheint, daß die langen Formen sich unter Ausstoßung von vielen Chromosomenpaaren aus dem Kern wieder in kurze differenzieren können, sie können sich auch teilen (Fig. 157), wobei sowohl Blepharoblast als auch Kern sich teilen, meistens jedoch degenerieren sie im Proventrikel. Ihr Protoplasma zerfällt dann, und es bleiben nur Rudimente von Kern und Geißel übrig. Ähnliche lange Formen scheint Prowazek[1]) bei *Trypanosoma Lewisi* beobachtet zu haben. Ganz selten findet man, wie Koch auch erwähnt, vier bis acht dieser langen Formen zu großen Spindeln nebeneinander gelagert, alle in gleicher Höhe und Richtung (Fig. 156). Es hat den Anschein, als ob diese Spindeln durch Teilung aus einem Individuum hervorgegangen sind, da man auch Spindeln von zwei und vier Individuen findet. Die langen *Trypanosomen* färben sich nach Giemsa auffallend rot, sie scheinen ein starkes Ecto- und wenig Entoplasma zu haben.

Die von Koch beschriebenen kleinen Formen fanden wir fast nur im Rüssel,

---

[1]) v. Prowazek. Studien über Säugetiertrypanosomen I. Arb. a. d. Kaiserl. Gesundheitsamte. Bd. 22. 1905,

selten auch in den vordersten Darmabschnitten. Sie haben den Blepharoblasten und die Geißel meist vor, bisweilen auch neben dem Kern (Fig. 158 a — c). Bisweilen sieht man auch sie in Teilung begriffen (Fig. 158 c).

Es gelang zuerst nur schlecht, selbstgezüchtete Fliegen mit *Trypanosomen* künstlich zu infizieren. Nach langen Versuchen stellte sich heraus, daß die Infektion am sichersten gelingt, wenn man die Fliegen gleich beim ersten Saugen nach dem Ausschlüpfen aus der Puppe an infizierten Wirbeltieren füttert. Im ganzen wurden so ca. 200 in *Amani* gezüchtete *Glossinen* zu Infektionsversuchen verwandt. Die Infektion gelang am Kalb, Schaf und Hund. Nach kurzer Zeit — etwa 2—4 Tagen — war bei 80—90 % der so behandelten Fliegen der Hinterdarm voll von *Trypanosomen*, und zwar von indifferenten Formen mit vielen Teilungszuständen, unter denen auch solche mit 4 und 6 Kernen beobachtet wurden. Vom Hinterdarm aus schreitet die Infektion nach vorne in den Mitteldarm, gelangt jedoch nur sehr selten weiter nach vorne, wenn man nicht die Fliegen späterhin mit dem Blut von nicht infizierten Tieren fütterte. Wir nahmen zu diesem Zwecke junge Hunde. Auf diese Weise gelang es auch, die Infektion bis zum Proventriculus nachzuweisen, und zwar dann auch die langen Formen, während die Infektion des Rüssels und die kleinen Formen bei künstlich infizierten Tieren bisher nicht erzielt wurden. Es stellte sich ferner heraus, daß die im Hinterdarm sehr leicht zu erzeugende Infektion allmählich bei einer großen Zahl von Fliegen wieder verschwand, und nur etwa 10 % der Experimentierfliegen bekam im Vorderdarm und Proventrikel eine Infektion. Es scheint dies also dasselbe Prozentualverhältnis zu sein, wie es in der Natur zwischen infizierten und nichtinfizierten Fliegen gefunden wird. Denkbar ist, daß der Chemismus des Vorderdarms — wir sahen, daß er sauer ist — die Wanderung der *Trypanosomen* nach vorne verhindert, denkbar auch, daß die Fliege selbst im Darme Schutzstoffe erzeugt, und sich so der Parasiten entledigt. Denkbar ist auch, daß das Wirbeltierblut, selbst wenn es voll *Trypanosomen* ist, Schutzstoffe hat, die bei einer neuen Fütterung der Fliege mit diesem Blute das Gedeihen der dort im Darm vorhandenen Parasiten verhindern.

Die Infektion des Fliegendarmes schreitet demnach wahrscheinlich von hinten nach vorne fort, die langen und die kleinen *Trypanosomen*-Formen werden zuletzt gebildet, erstere degenerieren meistens. Einmal habe ich bei einer künstlich infizierten Fliege Stadien im Proventriculus gefunden, die man vielleicht für eine Kopulation von *Trypanosomen* halten kann (Fig. 152 a — g), Organismen mit zwei Kernen, von denen einer dichter und einer lockerer war, deren Zwischenstück zwischen Blepharoblast und Geißel eigenartig blasig angeschwollen war, und deren zwei Geißeln nicht wie bei der gewöhnlichen Teilung an derselben Seite des Tieres lagen, sondern an verschiedenen. Es kann sich aber auch um anormale Teilung handeln. Mit Sicherheit konnten wir die Kopulation nicht nachweisen, doch scheint es, daß sie aller Wahrscheinlichkeit nach erst am Ende der Entwickelung der *Trypanosomen* im Fliegendarm stattfindet, und daß nach der Kopulation die kleinen Formen gebildet werden, die wahrscheinlich ihrerseits — fast nur im Rüssel lebend — beim Stich der Fliege in das Opfer gelangen, so die Infektion des Wirbeltieres hervorrufen. Beweisen kann ich diese Vermutung aber nicht.

Versuche, Wirbeltiere durch Injektionen einer Aufschwemmung von den indifferenten Darm-*Trypanosomen* oder den länglichen Proventrikel-*Trypanosomen* in Kochsalzlösung oder Blutserum zu infizieren, mißlangen alle.

Niemals habe ich beobachtet, daß *Trypanosomen* in der Tsetse außerhalb des
Darmes vorkommen. Im Darme leben sie (Fig. 75. 146—148) meist im Schleim
zwischen Epithel und peritrophischer Membran, dort manchmal (Fig. 149) in so enor-
men Massen, daß eine ganze Schicht von ihnen gebildet wird, die dicker als das
Epithel ist, ebenso wie dies Schaudinn (84) für die Eulen-*Trypanosomen* in der
Mücke beschreibt. Innerhalb der Tsetse ist das *Trypanosoma* demnach ein einfacher
Darmparasit.

———————

Obige Beobachtungen beziehen sich ausschließlich auf *Trypanosoma Brucei* in
Glossina fusca. Auch von *Trypanosoma gambiense*, dem Erreger der Schlafkrank-
heit, sind in *Glossina palpalis* ganz ähnliche Formen von A. C. Gray und F. M.
G. Tulloch[1]) sowie von R. Koch[2]) beobachtet.

Neuerdings ist nun von E. A. Minchin[3]) und F. G. Novy[4]) bezweifelt worden,
daß die bisher zur Beobachtung gekommenen Formen zum Entwickelungskreis der aus
dem Wirbeltierblut stammenden *Trypanosomen* gehören. Beide Autoren nehmen an, daß
diese *Trypanosomen* in kurzer Zeit aus dem Darmblut der Tsetse verschwinden, daß
die Fliege nur der Träger der Krankheitserreger sei, die in ihr keinen Entwickelungs-
zyklus durchmachen, daß vielmehr die oft massenhaft im Fliegendarm beobachteten
Flagellaten harmlose Darmparasiten seien, die vielleicht zur Gruppe der *Herpetomonas* oder *Crithidia* gehören, deren bei künstlicher Kultur gewonnenen Formen sie
glichen.

Nach dem mir ausschließlich zugänglichen Referat im Bulletin Pasteur ist zu
entnehmen, daß Minchin einmal die Parasiten in einer *Glossina* fand, die im La-
boratorium geboren war und nur Hühnerblut gesogen hatte. Wenn es sich dabei
tatsächlich um dieselben Parasiten, wie sie sonst gefunden werden, handelt, wäre
dieser Befund allerdings entscheidend. Die Frage, welche *Trypanosomen* in welchen
Glossinen zur Entwickelung gelangen, ist bisher noch nicht studiert; es ist sehr gut
möglich, daß alle Arten in allen *Glossinen* gedeihen, und dann ist es denkbar, daß
die von Minchin in jener Fliege gesehenen zum Entwickelungskreis von Vogelpara-
siten gehören. Ferner wird angeführt, daß auf der unbewohnten Insel Kimmi im
Victoria Nyanza *Glossinen* gefangen wurden, von welchen 8 % die Parasiten hatten. Auch
in diesem Falle wäre es denkbar, daß es Formen aus irgend welchen anderen Warm-

———————

[1]) A. C. Gray and F. M. G. Tulloch, The Multiplication of *Trypanosoma gambiense* in
the alimentary canal of *Glossina palpalis*. Rep. of the Sleeping sickness Commission of the Royal
Society vol. VI. August 1905.

[2]) R. Koch, Über die Unterscheidung der *Trypanosomen*-Arten. Sitzungsber. d. Kgl. Preuß.
Akad. d. Wiss. 23. Nov. 1905. — Derselbe, Vorläufige Ergebnisse usw. Deutsche med. Wochenschrift 1905, Nr. 47.

[3]) E. A. Minchin, Tsetse et *Trypanosomes*. Une Brochure de 8 pag. London 21. I. 06.
(Nach einem Referat in Bull. Inst. Pasteur 1906 No. 7, das Original konnte ich nicht einsehen.)

[4]) F. G. Novy, The *Trypanosomes* of Tsetse Flies. Journ. of infect. diseases vol. III,
18. V. 1906.

blütern und nicht *T. gambiense* waren, aber ebensogut ist es bei dem äußerst regen Verkehr von Boten auf dem See möglich, daß jene 8 % Fliegen sich an Menschen infiziert hatten, welche als Fischer oder Bootsleute dort sich vorübergehend aufhielten und welche *Tryp. gambiense* in ihrem Blute hatten. Bei den in Amani gezüchteten *Gl. fusca* haben wir ohne künstliche Infektion jedenfalls niemals *Trypanosomen* beobachtet, wohl aber fanden sich die fraglichen Parasiten bei ziemlich vielen Fliegen, nachdem sie Blut von kranken Tieren gesogen hatten. Dabei schien der Zustand der Parasiten im Blut eine gewisse, wenn auch noch nicht zu definierende Rolle zu spielen. So z. B. mißglückten meiner Erinnerung nach alle Versuche, die Infektion mit Blut einer bestimmten Ziege vorzunehmen, während sie mit einem Schaf, Kalb und Hund gelangen, und zwar anscheinend weniger sicher, während das Tier ein akutes Rezidiv hatte. Auffallend ist, daß auch Gray und Tulloch die Infektion der Fliegen gelang durch Fütterung zuerst an einem kranken und dann an einem normalen Affen, also ebenso, wie es bei unseren Versuchen war. Leider geben diese Forscher nicht an, ob die Infektion bis in den Vorderdarm gedrungen war, und in welchen Darmabschnitten die von ihnen beschriebenen verschiedenen Formen von Parasrten auftraten.

Der fernere Einwand von Novy, daß die Darmtrypanosomen viel größer als die im Wirbeltierblut seien, kann als stichhaltig nicht anerkannt werden. Es sind eben besondere Entwickelungsformen. Und in einem Falle fanden wir bei einem Kalbe auch neben den gewöhnlichen Trypanosomen größere und plasmareichere Formen sogar im Wirbeltierblut.

Eine empfindliche Lücke bildet dagegen immerhin noch die bislang mißglückte Infektion von Warmblütern mit den in der Fliege künstlich gezogenen Parasiten. Wir haben seiner Zeit in Amani Versuche darüber nur ganz nebenher und nur mit weißen Ratten angestellt und uns zunächst auf die Infektion der Fliege beschränkt. Bei der Bearbeitung dieser Frage wird man die Rüssel-*Trypanosomen* in erster Linie berücksichtigen müssen und sich auch nur der künstlieh infizierten Fliegen bedienen dürfen, um einwandfreie Resultate zu erhalten. Eine genügende Anzahl derselben aber zu bekommen, ist ein sehr mühsames und zeitraubendes Beginnen. Zu beachten wird dabei auch noch sein, daß nach unseren Beobachtungen die *Trypanosomen* sich im Proventrikel und offenbar auch im Rüssel der Tsetse nicht sehr lange halten und bald zu degenerieren scheinen. Sie gelangen möglicherweise aus den hinteren Darmteilen periodenweise nach vorne und kommen dort zu einer besonderen Entwickelung (lange und kleine Formen), degenerieren dort aber auch anscheinend bald. So sind vielleicht die alten Experimente von Bruce zu erklären, welcher fand, daß die frisch gefangenen *Glossinen* noch eine Zeitlang infektiös waren, später nicht mehr. Allerdings läßt dieser Befund ebensogut den Schluß zu, daß die Tsetse nur Träger der *Trypanosomen* sind in der Art wie eine Impflanzette, eine Behauptung, die Minchin und Novy aufstellen. Hiergegen spricht die Unwahrscheinlichkeit, daß von den äußerst spärlichen *Trypanosomen*, die sich bei Schlafkranken im Blut finden, gerade einige beim Stich am Rüssel der Tsetse haften sollten und nun bei einem ferneren Stich auf einen anderen Menschen übertragen werden.

Bevor nicht durch die Infektion des Warmblüters mit der künstlich vom Warmblüter infizierten *Glossina* der Kreis geschlossen ist, und bevor nicht geprüft ist, welche *Glossinen* welche *Trypanosomen* in sich zur Entwickelung bringen, ist die Ätiologie der Trypanosomiasis nicht geklärt. Aber nach den in Amani angestellten Untersuchungen sprach alles dafür, daß die im Darm der *Gl. fusca* beobachteten Parasiten in den Entwickelungskreis von *Tryp. Brucei* gehören, und daß die Infektion der *Glossina* mit diesen Parasiten sich nicht auf die Nachkommen der *Glossinen* vererbt.

Literaturverzeichnis.

1. Adlerz, G., Om digestionssecretionen jemte några dermed sammanhängande fenomen hos insecter och myriapoden. B. Svensk. Akadem. Hand. V. 16. 1890.

2. Anglas, Observations sur les metamorphoses internes de la guêpe et de l'abeille. Bull. Sc. France Belg. V. 34. 1900.

3. Apathy, St., Die Halsdrüse von Hirudo medicinalis mit Rücksicht auf die Gewinnung der gerinnungshemmenden Sekrete. Biol. Zentralblatt. 1898.

4. Austen, E., Edw., A monograph of the Tsetse flies. London. 1903.

5. Derselbe, Supplementary notes on the Tsetse flies. Brit. med. Journal. 17. Sept. 1904.

6. Balbiani, E. G., Etudes anatomiques et histologiques sur le tube digestive des Cryptops. Arch. zool. expér. (2). T. 8. 1890.

7. Becher, E., Zur Kenntnis der Mundteile der Dipteren. Denkschr. math.-naturw. Kl. Akad. Wiss. Wien. 1882.

8. Berlese, A., Ricerche sugli organi e sulla funzione della digestione |negli Acari. Portici. 1896.

9. Derselbe, L'accopiamento della mosca domestica. Riv. Pat. Veg. Firenze. V. 8.

10. Biedermann, W., Beitr. z. vergl. Physiol. d. Verdauung. 1. Die Verd. d. Larve v. Tenebrio molitor. Arch. Phys. Pflüger. V. 70. 1898.

11. Bizozzero, G., Sulla derivazione dell'epitelio del intestino dall epitelio delle sue ghiandole tubulari. Atti. Accad. Torino. V. 24. 1889.

12. Derselbe, Sulle ghiandole tubulare del tubo gastro-enterico e suoi rapporti coll'epitelio di rivestimento mucoso. Atti. Accad. Torino. V. 27. 1892.

13. Blochmann, F., Über das Vorkommen bakterienähnlicher Körperchen in den Geweben und Eiern verschiedener Insekten. Tagebl. d. 60. Naturf.-Versammlung und Zeitschr. Biol. V. 24. 1887.

14. Bordas, L., L'appareil digestif des orthoptères. Ann. Sc. nat. (8). T. 5. 1898.

15. Derselbe, Variations morphologiques et anatomiques presentés par le gésier chez quelques coleoptères C. Rend. Ac. S. Paris. T. 135. 1902.

16. Derselbe, Structure du jabot et du gésier de la Xylope. Réunion Biol. Marseille. 1905.

17. Brandt, E., Vergl. Anatomische Untersuch. üb. d. Nervensystem der Zweiflügler. Horae entomol. Ross. 1879.

18. Bruel, L., Anatomie und Entwicklungsgeschichte der Geschlechtsausführungswege samt Annexen von *Calliphora erythrocephala*. Zool. Jahrb. Abt. Morph. V. 10. 1897.

19. Child, Ch. M., Ein bisher wenig beachtetes antennales Sinnesorgan der Insekten mit bes. Berücks. der Culiciden und Chironomiden. Zeitschr. f. wiss. Zoologie. V. 58. 1894.

20. Christophers, S. R., The anatomy and histology of the adult female Moskito. Royal Soc. Rep. of the malarial Commitee. 1901.

21. Claus, Beiträge z. Kenntnis d. Süßwasser-Ostracoden. Arb. zool. Inst. Wien. V. 11. 1895.

22. Cuénot, L., Etudes physiologiques sur les orthoptères. Arch. de Biologie. V. 14. Liege. 1895.

23. Dimmock, G., The anatomy of the mouth parts and the sucking apparatus of some diptera. Dissertation. Boston. 1881.

24. Emery, C., Untersuchungen über *Luciola italica*. Zeitschr. f. wiss. Zool. V. 40. 1884.

25. Derselbe, Über den sogenannten Kaumagen einiger Ameisen. Zeitschr. f. wiss. Zool. V. 46. 1887.

26. **Escherich**, Über das regelmäßige Vorkommen von Sproßpilzen in den Darmepithelien eines Käfers. Biol. Zentralbl. V. 20. 1900.

27. **Forel, A.**, Beiträge zur Kenntnis der Sinnesorgane der Insekten. Mitt. d. Münchener entomol. Vereins. 1878.

28. **Frenzel, J.**, Einiges über den Mitteldarm der Insekten, sowie über Epithelregeneration. Arch. f. mikrop. Anat. V. 26. 1885.

29. **Derselbe**, Über den Darmkanal der Crustaceen nebst Bemerkungen zur Epithel-regeneration. Arch. f. mikr. Anat. V. 25. 1885.

30. **Fritze, A.**, Über den Darmkanal der Ephemeriden. Ber. nat. Ges. Freiburg i. B. V. 4. 1888.

31. **Fürth, O. von**, Vergleichende chemische Physiologie der niederen Tiere. 1903.

32. **Gehuchten, A. van**, Recherches histologiques sur l'appareil digestif de la larve de la *Ptychoptera contaminata*. La Cellulose V. 6. 1890.

33. **Gerstfeld, G.**, Über die Mundteile der saugenden Insekten. Dorpat. 1853.

34. **Graber, V.**, Über die stifteführenden und chordontonalen Sinnesorgane bei den Insekten. Zool. Anzeiger. 1882.

35. **Derselbe**, Über neue otocystenartige Sinnesorgane der Insekten. Arch. f mikr. Anat. V. 16. 1878.

36. **Grassi, B.**, Die Malaria. 1901.

37. **Hansen, H. I.**, Fabrica oris dipterorum usw. Nat. Tidskrift V. 14. 1883.

38. **Derselbe**, The Mouthparts of *Glossina* and *Stomoxys*, in Austens Monographie der Tsetsefliege. 1904.

39. **Haycraft, I. B.**, Über die Einwirkung eines Sekrets des offizinellen Blutegels auf die Gerinnbarkeit des Blutes. Arch. f. experim. Pathologie u. Pharmakolog. V. 18. 1884.

40. **Henneguy, L. E.**, Les Insects. Morphologie, Réproduction, Embryologie. Paris. 1904.

41. **Holmgren, N.**, Über vivipare Insekten. Zool. Jahrb. syst. Abt. V. 19. 1905.

42. **Johnston, Chr.**, Auditory apparatus of the *Culex* Mosquito. Quart. Journ. Micr. Soc. V. 3.

43. **Kellog, V. L.**, Parthenogenesis of mosquitos. Allgem. Zeitschr. Entomol. Neudamm. V. 9. 1904.

44. **Knüppel, A.**, Über Speicheldrüsen der Insekten. Arch. f. Naturg. 1897.

45. **Kolbe, H. I.**, Einführung in die Kenntnis der Insekten. 1893.

46. **Korotneff, A.**, Die Embryologie von *Gryllotalpa*. Zeit. f. wiss. Zoologie. V. 41. 1895.

47. **Kowalewsky, A.**, Ein Beitrag zur Kenntnis der Exkretionsorgane. Biolog. Zentralbl. V. 9. 1889.

48. **Derselbe**, Sur les organes excréteures chez les arthopodes terrestres. Congres internat. Zool. 2. sess. 1 pt. 1893.

49. **Kraepelin, K.**, Zur Anatomie und Physiologie des Rüssels von *Musca*. Zeit. f. wiss. Zool. V. 39. 1883.

50. **Derselbe**, Über die Geruchsorgane der Gliedertiere. Jahresber. d. Realgymnasiums. Hamburg. 1883.

51. **Krukenberg, C. Fr.**, Vergl. physiologische Studien an den Küsten der Adria, Tunis, Messina u. Palermo. 1—3. 1880.

52. **Lee, A. B.**, Nota intorno alla struttura intima dei balanzieri dei ditteri. Bull. soc. Ent. ital. V. 17. 1885.

53. **Leger u. Dubosq**, Sur les tubes de Malpighi des grylles. C. R. Soc. Biol. V. 11. 1899.

54. **Dieselben**, Notes biologiques sur les grylles 2. 3. 4. Arch. zool. expér. V. 7. 1900.

55. **Dieselben**, Sur la régénération epithéliale de l'intestin moyen de quelques arthropodes. Arch. zool. exper. V. 10. 1902.

56. **Loeb, L. u. A. J. Smith**, Über eine blutgerinnungshemmende Substanz in *Anchylostoma caninum*. Zentralbl. f. Bakt. Abt. I. V. 37. 1904.

57. **Loew, H.**, Über die Bedeutung des sogenannten Saugmagens bei den Zweiflüglern. Stett. entom. Zeitschr. 1843.

58. **Lowne, B. Th.**, The anatomy, physiology, and development of the Blow-Fly (*Calliphora erythrocephala*). 2 Bände. London. 1890—1892.

59. **Lühe, N.**, Zur Frage der Parthenogenese bei den Culiciden. Ent. Zeitschr. Neudamm. 1903.

60. **Mayer, P.**, Sopra certi organi degli antenni dei ditteri. Acad. Lincei. 3. ser. V. 3. 1879, auch in Zool. Anz. 1879, Nr. 25.

61. **Maurer, H.**, Meteorologische Beobachtungen aus Deutsch-Ostafrika. Mitt. a. d. deutschen Schutzgebieten. V. 16. 1903.

62. **Menzbier, M. A.**, Über das Kopfskelett und die Mundteile der Zweiflügler. Moskau. 1880.

63. **Metalnikow**, Beiträge z. Anatomie und Physiologie der Mückenlarve. Bull. Acad. imp. Sc. Petersbourg. 1902.

64. **Miall u. Denny**, Studies on comp. anatomy: the structure and life history of the cockroach. London u. Leeds. 1886.

65. **Miall u. Hammond**, The structure and life history of the Harlequin Fly (*Chironomus*). Oxford. 1900.

66. **Minchin, E. A.**, Report on the anatomy of the Tsetse-Fly (*Glossina palpalis*). Proc. of the roy. Soc. Ser. B. V. 76. No. 512. Okt. 1905.

66a. **Mingazzini, P.**, Ricerche sul canale digerente delle larve dei Lamellicornia fitofagi. Mitt. zool. Stat. Neapel. 1889.

67. **Moebusz, A.**, Über den Darmkanal der Anthrenus-Larve nebst Bemerkungen zur Epithelregeneration. Arch. f. Naturg. 1897.

68. **Müggenberg, F. H.**, Der Rüssel der *Pupiparae*. Arch. f. Naturg. V. 58. 1892.

69. **Nagel, N.**, Vergl. physiol. u. anatom. Unters. üb. d. Geruchs- u. Geschmackssinn, ihre Organe usw. Bibl. Zool. (Chun u. Leuckart). Heft 18. 1894.

70. **Nazari, A.**, Ricerche sulla struttura del tubo digerente e sul processo digestivo del *Bombyx mori* allo stadio larvale. Ricerche ist anatom. Roma. V. 7. 1899.

71. **Nuttal u. Shippley**, Studies in relation to malaria. II. The structure and biology of Anopheles. Journ. of Hvgiene 3. 1903.

72. **Palmen, J. A.**, Über paarige Ausführungsgänge der Geschlechtsorgane bei Insekten. 1884.

73. **Pratt, H. S.**, The anatomy of the female genital tract of the *Pupiparae* as observed in *Melophagus ovinus*. Zeit. f. Zool. V. 66. 1899.

74. **Prowazek, S. v.**, Die Entwicklung von *Herpetomonas*. Arb. a. d. Kaiserl. Gesundheitsamte. V. 20. 1904.

75. **Rath, O. v.**, Über die Hautsinnesorgane der Insekten. Zeit. f. wiss. Zool. V. 46. 1888 u. Zool. Anz. V. 10. 1888.

76. **Rengel, C.**, Über die Veränderungen des Darmes bei *Tenebrio molitor* während der Metamorphose. Zeit. f. wiss. Zool. V. 61. 1896.

77. **Derselbe**, Über die periodische Abstoßung und Neubildung des gesamten Mitteldarmepithels bei *Hydrophilus, Hydorus* und *Hydrobius*. Zeit. f. wiss. Zool. V. 63. 1898.

78. **Derselbe**, Über den Zusammenhang von Mitteldarm und Enddarm b. d. Larven d. akuleaten Hymenopteren. Zeit. f. wiss. Zool. V. 75. 1903.

79. **Roehler, E.**, Beitr. z. Kenntnis d. Sinnesorgane d. Insekten. Zool. Jahrb. Anat. Abt. V. 22. 1905.

80. **Rouville, Et. de**, Sur la genèse de l'épithèle intestinal. Cpt. rend. T. 120. 1895.

81. **Ruland**. Beiträge z. Kenntnis der antennalen Sinnesorgane der Insekten. Zeit. f. wiss. Zool. V. 46. 1888.

82. **Sabatini**, Ferment anticoagulant de l'*Ixodes ricinus*. Arch. ital. d. Biologia. V. 31. 1899.

83. **Sander, L.**, Die Tsetsen (*Glossina* Wiedem.). Arch. f. Schiffs- und Tropenhygiene. V. 9. 1905.

84. **Schaudinn, F.**, Generations- und Wirtswechsel bei *Trypanosoma* und *Spirochaeta*. Arb. a. d. Kaiserl. Gesundheitsamte. V. 20. 1904.

85. **Schiemenz**, Über das Herkommen des Futtersaftes und die Speicheldrüsen der Bienen, nebst einem Anhang über d. Riechorgan. Zeit. f. wiss. Zool. V. 38. 1883.

86. **Schneider, A.**, Über den Darmkanal der Arthropoden. Zool. Beitr. 1887.

87. **Sommer, A.**, Über *Macrostoma plumbea*. Beitr. z. Anatomie d. *Poduriden*. Zeit. f. wiss. Zool. V. 41. 1885.

88. **Stuhlmann, F.**, Die Reifung des Arthropodeneies. Ber. d. Naturforsch.-Ges. Freiburg i. B. 1886.

89. **Derselbe**, Notizen über die Tsetsefliege und die durch sie übertragene Surrahkrankheit in Deutsch-Ostafrika. Ber. üb. Land- und Forstwirtschaft in Deutsch-Ostafrika. V. 1. 1902.

90. **Derselbe**, Vorkommen von *Glossina tabaniformis* (Westw.). Ebend. V. 1. 1902.

91. **Stuhlmann, F.**, Beiträge zur Anatomie und Physiologie der Tsetsefliege. „Der Pflanzer", Beilage z. Usambara-Post. Tanga. 1905.

92. **Vaney, C.**, Contributions à l'étude des larves et des métamorphoses des diptères. Ann. Univ. Lyon. 1902.

93. **Verson u. Quajat**, Il Fillugello e l'arte sericola. Padova-Verona. 1896.

94. **Vignon, P.**, Sur l'histologie du tube digestif de la larve de *Chironomus plumosus*. Cpt. rend. T. 128. 1899.

95. **Visart**, Contribuzione allo studio del sistemo digerente degli arthropodi. Sul' intima struttura del tubo digerente dei miriopodi. Rigenerazione cellulare e modalità della medesima nella mucosa intestinale. Boll. soc. nat. Napoli. V. 8. 1895.

96. **Voinov, D. U.**, Epithelium digestif des nymphes d'Aeschna. Bull. Soc. Sc. Bucarest. V. 7. 1898.

97. **Derselbe**, Rech. physiol. sur l'appareil digestif et le tissu adipeux des larves des Odonates. A. a. O. V. 8. 1889.

98. **Weinland, E.**, Über die Schwinger (Halteren) der Dipteren. Zeit. f. wiss. Zool. V. 51. 1890.

99. **Westhoff, Fr.**, Über den Bau des Hypopygiums der Gattung *Tipula* mit Berücksichtigung seiner generischen u. spezifischen Bedeutung. Dissertation. München. 1882.

100. **Wielowieski, H. v.**, Über das Blutgewebe der Insekten. Zeit. f. wiss. Zool. V. 43. 1886.

Tafelerklärung[1].

Erklärung der Buchstaben der Figuren 1—42 auf Tafel I und II.

an Fühler.	*hh* Hinteres Horn des Fulcrums.
ao Aorta.	*hz* Herz.
au Auge.	*i1* Artikulationspunkt der Oberlippe mit der kleinen Chitinkapsel.
b Hufeisenspitze des Fulcrums.	
bs Blutsinus.	*k* Chitinkapsel, Schaltstück zwischen Fulcrum und Rüssel.
c Chitinlamelle, an die der Muskel *mo* ansetzt.	
ch Chitinhufeisen, der Wölbungsteile des Fulcrums.	*kb* Kopfblase.
	kd Kratzdornen.
d Darm.	*kg* Kopfkegel.
d1 Vorderdarm.	*kr* Kropf.
d2 Mitteldarm.	*kz* Kratzzähne.
d3 Hinterdarm.	*l* Labelle.
dh Drüsenborsten.	*ls* Lippenspeicheldrüse.
dk Drosselventil des Speichelrohrs.	*m* Mundöffnung.
dkr Gang vom Proventrikel zum Kropf.	*ma* Heber des Rüssels.
E Elastische Verbindung der unteren Unterlippenplatte bezw. der unteren Chitingabel mit den Labellen.	*mb* Befestigungsmuskel der Spange.
	mc Knicker des Oesophagus.
	md Speichelventilmuskeln.
f Fulcrum.	*me* Strecker des Rüssels.
fk Fettkörper.	*mf* Beuger und Retraktor des Rüssels.
g Gehirn.	*mg* Augenmuskel.
gl Ganglion.	*ml* Senker und Retraktor des Rüssels.
go Ganglion opticum.	*mo* Medianer Bulbusmuskel.
gr Grube, in der die Fühler liegen (Epistomum).	*mq* Kontraktor der Unterlippe (bei *Stomoxys*).
	mr Protraktoren des Rüssels und Fulcrums.
gs Ganglion sympathicum.	*ms* Pumpmuskel des Fulcrums.
gt Brustganglion.	*mt* Heber der Palpen.
	mu Gabelmuskel des Bulbus.
h Hypopharynx.	*my* Kontraktor der Oberlippe (bei *Stomoxys*).

---

[1] Zu meinem Bedauern konnte ich die Korrektur der Tafeln nicht selbst vornehmen, da meine Rückrese nach Amani sich nicht weiter hinausschieben ließ und eine Nachsendung zu viel Zeitverlust mit sich gebracht hätte.

<table>
<tr><td>

n Nerv.

n1—3 Die drei vorderen Nerven des Brust-
ganglions.

na Antennennerv.

nc Zentrales Nervensystem.

nf Fulcrumnerv.

nk Nahrungskanal.

no Ocellennerv.

ns Sympathisches Nervensystem.

nt Tracheennerv.

o Oberlippe.

oc Ocellen.

oe Speiserohr.

of Obere Platte des Fulcrumbodens.

og Obere Chitingabel.

oo Obere Platte der Oberlippe.

op Obere Platte der Unterlippe.

pv Proventriculus.

q Trennungspunkt der Unterlippe vom Hy-
popharynx.

r Rüssel.

rb Rektalblase, oder Analblase.

rp Reibplatten der Labellen.

rt Enddarm.

s Speichelrohr bezw. Speicheldrüse.

</td><td>

sf Schwarzer Chitinfleck am Ende der Un-
terlippe.

shl Sinneshaare der Labellen.

smo Sehnen der inneren (oberen) Bulbusmus-
keln.

smu Sehnen der äußeren Bulbusmuskeln.

so Sinnesorgane an der Unterlippe.

sp Spangen der rudimentären Unterkiefer.

st Sattel bezw. Chitininnenskelett des Kopfes.

t Taster oder Palpen.

th Tasthaar.

thu Tasthaare der Unterlippe.

thf Tasthaare des Fulcrums.

tr Tracheen.

TrB Tracheenblasen.

u Unterlippe.

uf Untere Platte des Fulcrumbodens.

ug Untere Chitingabel.

uo Untere Oberlippenplatte.

up Untere Unterlippenplatte.

v Verbindungshaut zwischen oberer und
unterer Unterlippenplatte.

vh Vorderes Horn des Fulcrums.

wr Weicher Rand des Unterlippenendes
bezw. der Labellen.

</td></tr>
</table>

Bei obigen Buchstabenbezeichnungen habe ich mich, soweit irgend möglich, an die von Kraepelin (49) für *Musca* gebrauchten angeschlossen, so daß die Figuren für *Musca* mit denen für *Glossina* ohne weiteres vergleichbar sind.

Tafel I.

Wo nichts besonderes bemerkt ist, beziehen sich die Figuren auf *Glossina fusca*.

Fig. 1. Chitinteile des Rüssels und Fulcrums von der Seite nach Entfernung von Kopfhaut und Kopfkegel, Vergr. 16.

Fig. 2. Dasselbe von unten gesehen, Vergr. 16.

Fig. 3. Rüsselspitze, Vergr. etwa 200. Die beigefügten Zahlen 4—12 deuten die Lage der Schnitte von Fig. 4—12 an.

Fig. 4—12. Querschnitte durch den Rüssel, Vergr. 475. Das verhornte Chitin ist braun, das weiche Chitin und die Muskelsehnen blau dargestellt.

Fig. 13. Querschnitt durch die Mitte vom schmalen Teile des Rüssels, Vergr. 160.

Fig. 14. Querschnitt durch den unteren Teil des Rüsselbulbus, Vergr. 130.

Fig. 15. Basis der Oberlippe, von unten gesehen, Vergr. ca. 45.

Fig. 16. Querschnitt durch den Rüsselbulbus, dort, wo Oberlippe und Unterlippe verwachsen sind, Vergr. ca. 150.

Fig. 17. Längsschnitt durch die obere Wand des Unterlippenbulbus mit dem darin enthaltenen Speichelkanal und dem anschließenden Drosselventil desselben, Vergr. 130.

Fig. 18. Rüsselspitze ventral gesehen.

Fig. 19. Dieselbe von der Seite gesehen, Vergr. 160.

Fig. 20. Rüsselspitze der Fig. 18, Vergr. 475. Fig. 18—20 bei ausgestülpten Reibplatten.

Fig. 21. Rüsselspitze bei eingezogenen Reibplatten, Vergr. 475.

Fig. 22. Das Sinnesorgan, distal von der „unteren Chitingabel", Vergr. 940.

Fig. 24. Zähne der Reibplatten, Vergr. 940.

Fig. 24. Halbschematische Darstellung der äußeren und inneren Mundwerkzeuge mit ihren Muskeln, Vergr. ca. 40.

Fig. 25. Sinneshaar aus dem Fulcrum, Vergr. 475.

Fig. 26—27. Zwei Schnitte durch den Kopf und das Fulcrum bei gestrecktem Rüssel, Vergr. ca. 25.

Tafel II.

Fig. 28—42. Schnittserie durch den Kopf, Hals und Thorax von *Glossina fusca*, senkrecht zur Körperachse, Vergr. 16. Die Fliege wurde während des Anstechens in heißem Alkohol getötet, das Blut war nur bis zum Gehirn vorgedrungen.

Fig. 43. Medianer Längsschnitt durch das Drosselventil des Speichelganges, Vergr. 500. *x* Chitinplatte, *s* Ausführungsgänge der Speicheldrüsen.

Fig. 44—45. Zwei aufeinander folgende Flächenschnitte durch das Drosselventil, Vergr. 130.

Fig. 46. Ansatzpunkt der Ventilmuskeln (*md*) an das Drosselventil, aus einer anderen Schnittserie, Vergr. 220. *md* Ventilmuskel, *s* Speichelgänge, *x* Chitinplatte, *h* Chitinrohr, auf dem der Hypopharynx sitzt, *ml* Senker des Rüssels.

Fig. 47. Querschnitt der Speicheldrüse (*s*) in Höhe des Proventrikels, Vergr. 475. *TrB* Tracheenblase, *z* Bindegewebestrang.

Fig. 48. Speicheldrüsenquerschnitt aus dem Hinterleib von *Gl. tachinoides*, Vergr. 475.

Fig. 49. Speicheldrüsenquerschnitt aus dem Thorax von *Stomoxys* sp. Vergr. 500.

Fig. 50. Querschnitt durch den Oesophagus bei seinem Durchtritt durch das Gehirn (*g*), Vergr. 270 (entsprechend Fig. 33). *ns* Sympathicus-Nerv, *c* Cuticula, *tr* Tracheen, *m* Muscularis, *ep* Epithel.

Fig. 51. Dasselbe beim Austritt aus dem Gehirn (entsprechend Fig. 35), Vergr. 270.

Fig. 52. Der Oesophagus, etwas unterhalb des Halses (entsprechend Fig. 36), Vergr. 130. *nc* zentrales Nervensystem, *s* Speicheldrüse.

Fig. 53. Derselbe etwas oberhalb des Proventriculus (entsprechend Fig. 39), Vergr. 130.

Fig. 54. Oesophagus von *Gl. tachinoides*, dicht vor dem Proventriculus, Vergr. 475. *mr* Ringmuskelfasern, *ml* Längsmuskelfasern.

Fig. 55. Medianer Längsschnitt durch den Proventriculus, Vergr. 130.

Für Fig. 55—60: *oe* Oesophagus, *d1* Vorderdarm, *dkr* Gang zum Kropf, *F* Fettzellenring, *p* und *p1* Epithelpolster, *y* und *y1* Falte des Oesophagealepithels, *z* Verbindung zwischen Oesophageal- und Darmepithel, *mr* Ringmuskeln, *ml* Längsmuskeln, *sph* Sphincter, *dlt* Dilatator, *per* und *per1* Peritonealüberzug, *pv* Proventrikel, *pm* Peritrophische Membran, *nc* zentrales Nervensystem, *s* Speicheldrüsen, *ao* Aorta.

Fig. 56. Dasselbe am Eintritt des Oesophagus in den Proventriculus, Vergr. 130.

Fig. 57. Querschnitt durch dieselbe Stelle, Vergr. 130.

Fig. 58. Ein etwas weiter nach hinten gelegener Querschnitt, Vergr. 130.

Fig. 59. Querschnitt durch einen stark ausgedehnten Proventriculus, eben unterhalb des Austrittes vom Kropfgang, Vergr. 130.

Fig. 60. Querschnitt durch den Proventriculus von *Stomoxys*.

Tafel III.

Fig. 61. Querschnitt durch den Gang zum Kropf (*dkr*) und den Vorderdarm (*d1*) aus dem hinteren Teil des Thorax, Vergr. 475. *cu* Cuticula, *ep* Epithel, *ml* Längsmuskeln, *mr* Ringmuskeln, *per* Peritonealer Überzug.

Fig. 62. Ein Teil der Wand vom Kropf, Vergr. 475. *ch* Chitincuticula, *ep* Epithel, *m* Muskeln, *el* Elastische Fasern.

Fig. 63. Querschnitt durch die Leibeswand (*kh*) und Kropf einer eben ausgekrochenen *Gl. tachinoides*, Vergr. 210. *ch* Chitincuticula, *ep* Epithel, *m* Muskeln, *F* Fettzelle mit Resten von Muskeln, *sm* Segmentalmuskeln, *tr* Trachee, *R* Reste der larvalen Muskeln.

Fig. 64—69. Querschnitte durch den Hinterleib einer jungen *Gl. tachinoides*, bei der der larvale Fettkörper noch stark entwickelt ist, Vergr. 16. *p* Palpen, *r* Rüssel, *kr* Kropf, *tr* Tracheen, *m* Muskeln, *hz* Herz, *s* Speicheldrüsen, *d1* Vorderdarm, *d2* Mitteldarm, *d3* Hinterdarm, *mf* Malpighische Gefäße, *sp* Spermatheken, *rt* Enddarm, *rb* Analblase, *kl* Klappe im Enddarm, *ov* Eileiter, *ut* Uterus, *md* Dilatatormuskel, *ad* Anhangsdrüsen, *x* Degeneriertes rätselhaftes Organ.

Fig. 70. Schnitt durch den Vorderdarm im Thorax, Vergr. 475. *mr* Ringmuskel, *ml* Längsmuskel, *ep* Epithel, *ao* Aorta.

Fig. 71. Ruhendes, kontrahiertes Epithel des Mitteldarms, Vergr. 475.

Fig. 72. Dasselbe mit höheren Zellen, Vergr. 270.

Fig. 73. Dasselbe, konserviert mit Sublimat-Alkohol, Eisenhämatoxylin, Vergr. 500.

Fig. 74. Mitteldarm eines alten Weibchens während der Verdauung, Pikrin-Alkohol-Essigsäure, Vergr. 475.

Fig. 75. Gefüllter, stark ausgedehnter Mitteldarm einer alten Fliege. Absonderung der peritrophischen Membran, im Serum liegen *Trypanosomen*, Vergr. 475.

Fig. 76. Epithel des gefüllten Darms, Vergr. 475.

Fig. 77. Epithel des in Tätigkeit befindlichen Darmes, aus dem der Inhalt ausgeflossen ist, Sublimat-Alkohol, Hämatoxylin-Eosin, Vergr. 475.

Fig. 78. Schnitt durch zwei Darmschlingen, *d2* Mitteldarm, *d3* Hinterdarm, heißer Alkohol, Hämatoxylin-Eosin. Infektion mit *Trypanosomen*, Vergr. 475.

Fig. 79. Vorderster Darmabschnitt einer eben ausgekrochenen *Gl. tachinoides.*

Fig. 80. Mitteldarm desselben Tieres.

Fig. 81. Ein etwas weiter hinten gelegener Darmabschnitt davon. Fig. 79—81, Vergr. 475.

Fig. 82—83. Epithel aus dem Mitteldarm der Larve, Vergr. 130.

Fig. 84. Querschnitt durch den Mitteldarm mit dem erhöhten in Regeneration befindlichen Epithel, Vergr. 130.

Fig. 85. Ein Teil desselben Schnittes, Sublimat-Alkohol, Hämatoxylin, Vergr. 270.

Fig. 86. Querschnitt durch den ruhenden in „Regeneration" befindlichen Mitteldarm, Sublimat-Alkohol, Hämatoxylin. Infektion mit *Trypanosomen*, Vergr. 500.

Fig. 87. Einige abnorm vergrößerte Zellen mit ihrem Inhalt von „Symbionten", Sublimat-Alkohol, Azur, Vergr. 500.

Fig. 88. Ruhendes, in „Regeneration" befindliches Darmepithel, Eintritt der Tracheen in die Zellpolster, Sublimat-Alkohol, Eisenhämatoxylin, Vergr. 475.

Fig. 89. Vergrößertes Darmepitel aus einer eben ausgeschlüpften *Gl. tachinoides*, Vergr. 50.

Fig. 90. Vergrößerte Epithelzellen aus einem gefüllten Darm, in der Auflösung begriffen. Normales Epithel bis zur Unkenntlichkeit fein ausgezogen. *a* gesogenes Blut mit Leukocyten, in peritrophischer Membran eingehüllt, Vergr. 477.

Fig. 91. Schnitt durch eine vergrößerte Darmepithelzelle mit „Symbionten". *pm* peritrophische Membran, Vergr. 1700.

Fig. 92. Querschnitt durch die Wand des Hinterdarms, Vergr. 475.

Fig. 93. „Symbionten" aus dem Darminhalt.

Fig. 94. Querschnitt durch die Wand des Hinterdarms am Übergange zum Enddarm, Vergr. 475.

Fig. 94a. Querschnitt durch die Wand des Enddarms, Vergr. 475.

Fig. 95—97. Drei Querschnitte durch die Enddarmklappe, Fig. 95 oberhalb derselben, Fig. 96 durch sie, Fig. 97 unterhalb derselben, *ml* Längsmuskeln, *mr* Ringmuskeln. *pm* peritrophische Membran, Vergr. 130.

Fig. 98. Querschnitt durch den Enddarm dicht vor der Analblase, Vergr. 475.

Fig. 99. Schnitt durch die Analblase (*Bl*), wobei eine Analpapille längs getroffen ist, Vergr. 130.

Fig. 99a. Ein Stück Wand der Analblase, Vergr. 475.

Fig. 100. Querschnitt durch die Analblase, *Bl* deren kontrahierte Wand, eine Analpapille ist quer getroffen, *tr* Tracheenzweige; von eben aus der Puppe gekrochener *Gl. tachinoides*, Vergr. 475.

Fig. 101. Dieselbe Analblase, Vergr. 65.

Fig. 102. Querschnitt durch das Hinterende einer Larve von *Gl. fusca*. *Bl* große Höhlung am Ende der Larve, *a* Atemröhren: Mündungen der Tracheenstämme (*tr*), *rt* blindes Ende des Enddarms, *g* Ausführungsgang der Genitalorgane, *d* Darm, *nc* zentrales Nervensystem, Vergr. ca. 20.

Fig. 103. Querschnitt durch den Enddarm der Larve, Vergr. 130.

Fig. 104. Querschnitt durch ein Malpighisches Gefäß der erwachsenen Fliege, Vergr. 475.

Fig. 105. Dasselbe von einer eben ausgekrochenen *Gl. tachinoides*, Vergr. 475.

Fig. 106. Malpighisches Gefäß nach Injektion der Fliege mit Indigokarmin. Die dunkel gehaltenen Teile waren blau gefärbt, Vergr. 130.

Fig. 107. Vorletzte Herzkammer von der ventralen Seite gesehen, heißer Alkohol, Glychämalaun, *Tr* Tracheen, *m* Flügelmuskeln, *hz* Herzschlauch, *kp* Klappen, *p* Perikardialzellen, Vergr. 50.

Fig. 108. Querschnitt durch das Herz einer erwachsenen *Gl. fusca. d1* Vorderdarm, *hz* Herzschlauch, *sn* Perikardialsinus, *a* Septum, *s* Speicheldrüsen, *pz1* große Perikardialzellen, *pz2* kleine Pericardialzellen, Vergr. 130.

Tafel IV.

Fig. 109. Querschnitt durch die letzte Herzkammer einer ganz jungen *Gl. tachinoides* mit noch vielen larvalen Fettzellen (*fz*). *m* Flügelmuskel, *hz* Herzschlauch, *mf* Malpighische Gefäße. *pz1* und *pz2* große und kleine Perikardialzellen, Vergr. 160.

Fig. 110. Vielkernige große Perikardialzelle, Vergr. 475.

Fig. 111. Schnitt durch das Gehirn (*g*) und das Ganglion opticum (*go*). *au* Auge, *tr* Trachee, *TrB* Tracheenblase, *nf* Fulcrumnerv, *oe* Oesophagus, *ns* sympathischer Nerv, Vergr. 65.

Fig. 112. Schnitt durch das vorderste Drittel des Thoraxganglions, *tr* Tracheenblase, Vergr. 130.

Fig. 113. Schnitt durch die Mitte des Thoraxganglions, dort, wo die Flügelmuskelnerven (*nl*) austreten, Vergr. 130.

Fig. 114. Längsschnitt durch die Antennen, *g* Ganglion im zweiten Fühlerglied, Vergr. 50.

Fig. 115. Längsschnitt durch eine Ocelle, *l* Linse, *h* Hypodermiszellen, *n* Nerv, Vergr. 130.

Fig. 116. Querschnitt durch den Stiel der Schwingkölbchen von *Gl. tachinoides*. *t* bindegewebige Trabekel, *ch* chordontonales Organ, Vergr. 160.

Fig. 117. Dasselbe chordontonale Organ, Vergr. 475.

Fig. 118. Chordontonales Organ aus der Basis der Schwingkölbchen, *n* Nerv, *s* Sinnesorgan, Vergr. 160.

Fig. 119. Ein Teil desselben stärker vergrößert, Vergr. 500.

Fig. 119 a. Dasselbe Organ von der Fläche gesehen, Vergr. 500.

Fig. 120. Ein anderes chordontonales Sinnesorgan an der Basis der Flügel gelegen, Vergr. 160.

Fig. 121. Querschnitt durch den Testikel des Imago, Vergr. 65.

Fig. 122. Ein Stück desselben Querschnittes, *t* Testikelschlauch, *p* Bindegewebeüberzug mit Pigment, Vergr. 210.

Fig. 123. Schnitt durch den Testikel einer 38 Tage alten Puppe, *sp* Sperma in der Entwickelung, *vd* Vas deferens, Vergr. 475.

Fig. 124. Querschnitt durch das Vas deferens eines Imago, Vergr. 475.

Fig. 125. Querschnitt durch die Anhangsdrüse des Männchens, Vergr. 475.

Fig. 126. Querschnitt durch die Einmündungsstelle der Testikel und Anhangsdrüsen in den Ductus ejaculatorius, *ab* Wand der Analblase, *vd* Vas deferens, *ad* Anhangsdrüse, *dj* Ductus ejaculatorius, Vergr. 210.

Fig. 127. Querschnitt durch den Ductus ejaculatorius im Abdomen, Vergr. 475.

Fig. 128. Dasselbe im Hypopygium, Vergr. 475.

Fig. 129—130. Längsschnitte durch die beiden Ovarien derselben Fliege, *f* Follikelepithel, *e* Ei, *p* Peritonealhülle, *k* Keimfach, Vergr. 130.

Fig. 131. Querschnitt durch die Wand der Spermatheken eines erwachsenen Weibchens, Vergr. 475.

Fig. 132. Dasselbe bei einer eben ausgeschlüpften *Gl. tachinoides*, Vergr. 475.

Fig. 133. Ausführungsgang der Spermatheke, Flachschnitt, Vergr. 475.

Fig. 133 a. Derselbe im Querschnitt, Vergr. 270.

Fig. 134. Querschnitt durch die Milchdrüse eines tragenden Weibchens, Vergr. 475.

Fig. 135. Dieselbe Drüse eines anderen Weibchens, Vergr. 130.

Fig. 136. Querschnitt durch die Milchdrüse eines Weibchens, das acht Larven geboren hatte und beim Töten nichttragend war, Drüse in Degeneration, Vergr. 475.

Fig. 137. Die Milchdrüse bei einer eben ausgeschlüpften *Gl. tachinoides*, Vergr. 475.

Fig. 138—141. Querschnitte durch die Hinterleibsspitze eines jungen Weibchens, das noch nicht geboren hat, *ut* Uterus, *ab* Analblase, *ap* Analpapille, *mp* Protraktormuskeln, *ds* Ausführungsgänge der Spermatheken, *dad* Ausführungsgänge der Milchdrüsen, *c* Calices der Ovidukte, *a* deren Vereinigungspunkt, *v* Vagina, *IX, IXa* Chitinteile des neunten Segments (Hufeisen), *tr* Tracheen, *ma* Dilatatormuskel, *md* Dilatatormuskel, *st* Stigma, *x* degenerierter rätselhafter Körper, Vergr. 50.

Manuskript abgeschlossen
Anfang September 1906

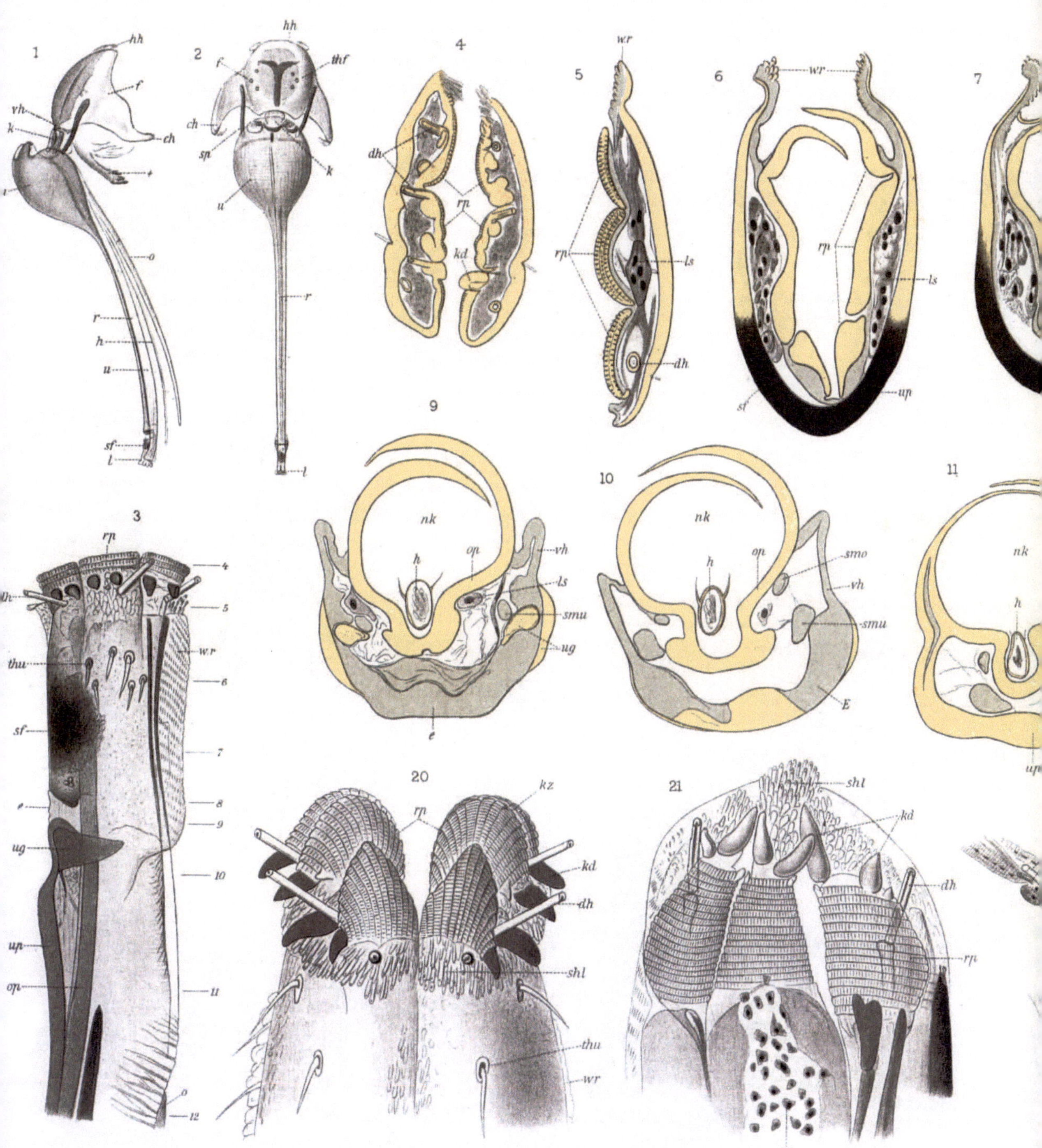

8
w.r
nk
op
h
ls
up
13
oo
uo
nk
op
h
vh
smo
up
smu
14
up
Tr.B
Tr.B
mu
mo
c
tr
vh
op
h
nk
oo
uo
Tr
15
ls
up
12
oo
nk
uo
smo
h
op
vh
up
smu
16
oo
uo
nk
tr
op
h
C
mu
tr
18
shC
wr
so
E
ug
19
rp
sf
E
up
22
23
25
kg
up
op
24
mc
oe
hh
mr
md
ms
sp
mf
ch
ml
me
vh
t
kg
o
k
u
ma
mb
mt
26
mr
ch
ms
sp
me
s
Tr.B
k
s
up
mo
Tr.B
ml+mf
27
ms
mr
Tr.B
sp
me
nk
Tr.B
Tr.B
md
s
f
ml+mf

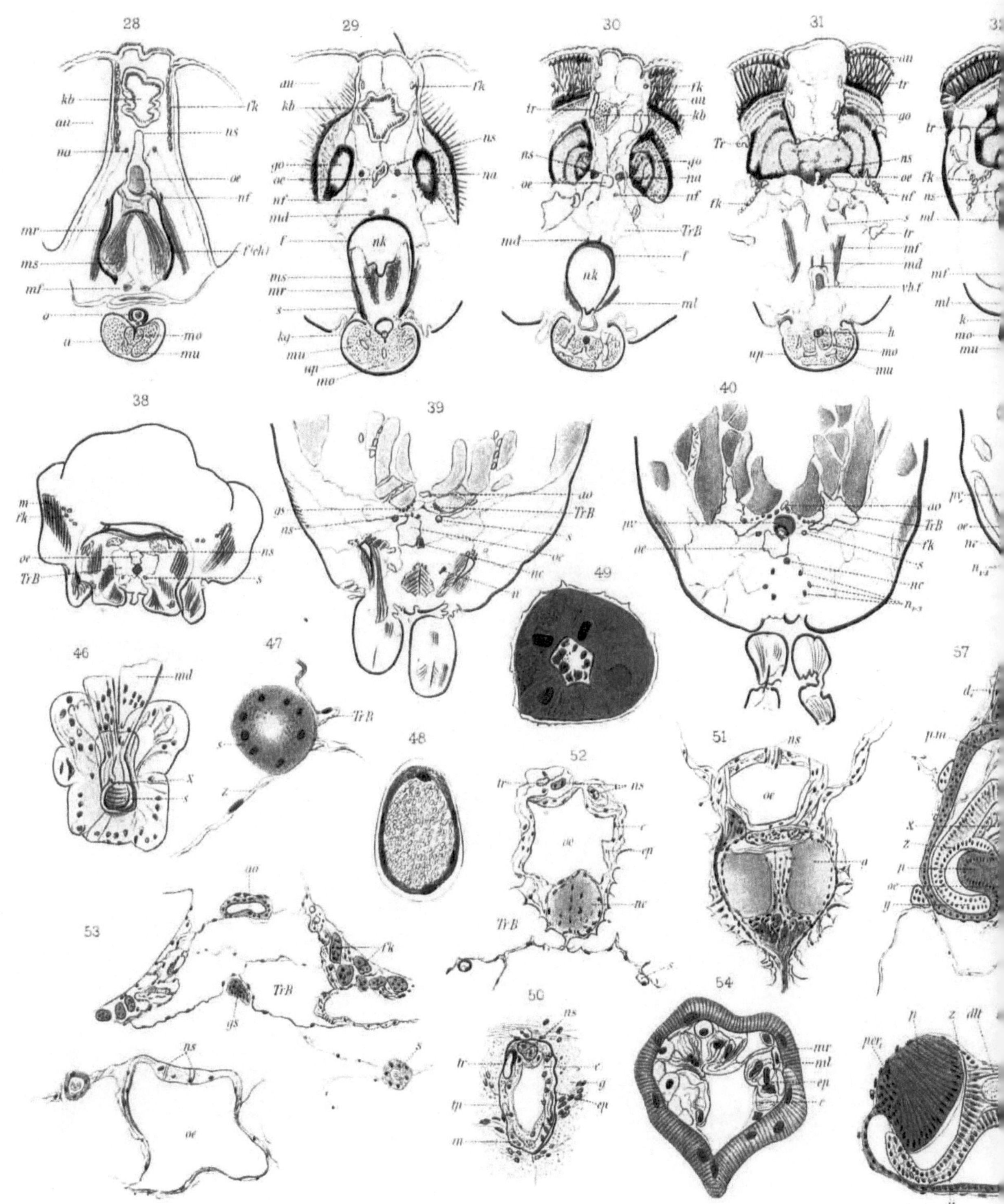

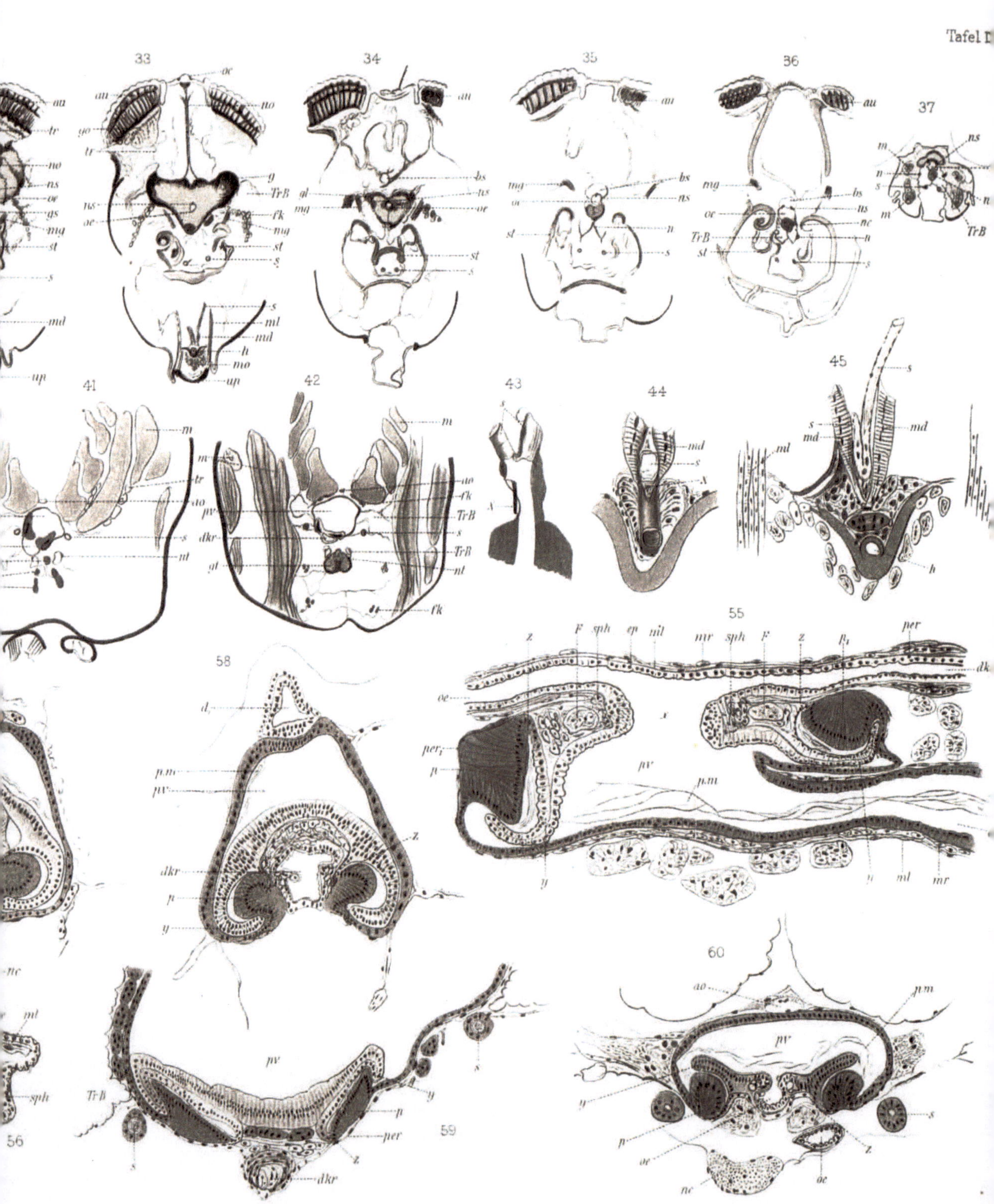

33
34
35
36
37
41
42
43
44
45
55
58
56
59
60

Tafe
85
88
104
105
106
86
87
90
97
103
96
99a
99
95
108
ml
mr
93
a
b
c
d
e
f
g
h
i
k
l
98
Bl
100
Bl
101
102
107
92
94a
94
tr
tr
rt
Bl
tr
g
d
ne
tr
m
hz
kn
p
pz
s
sn
hz
d

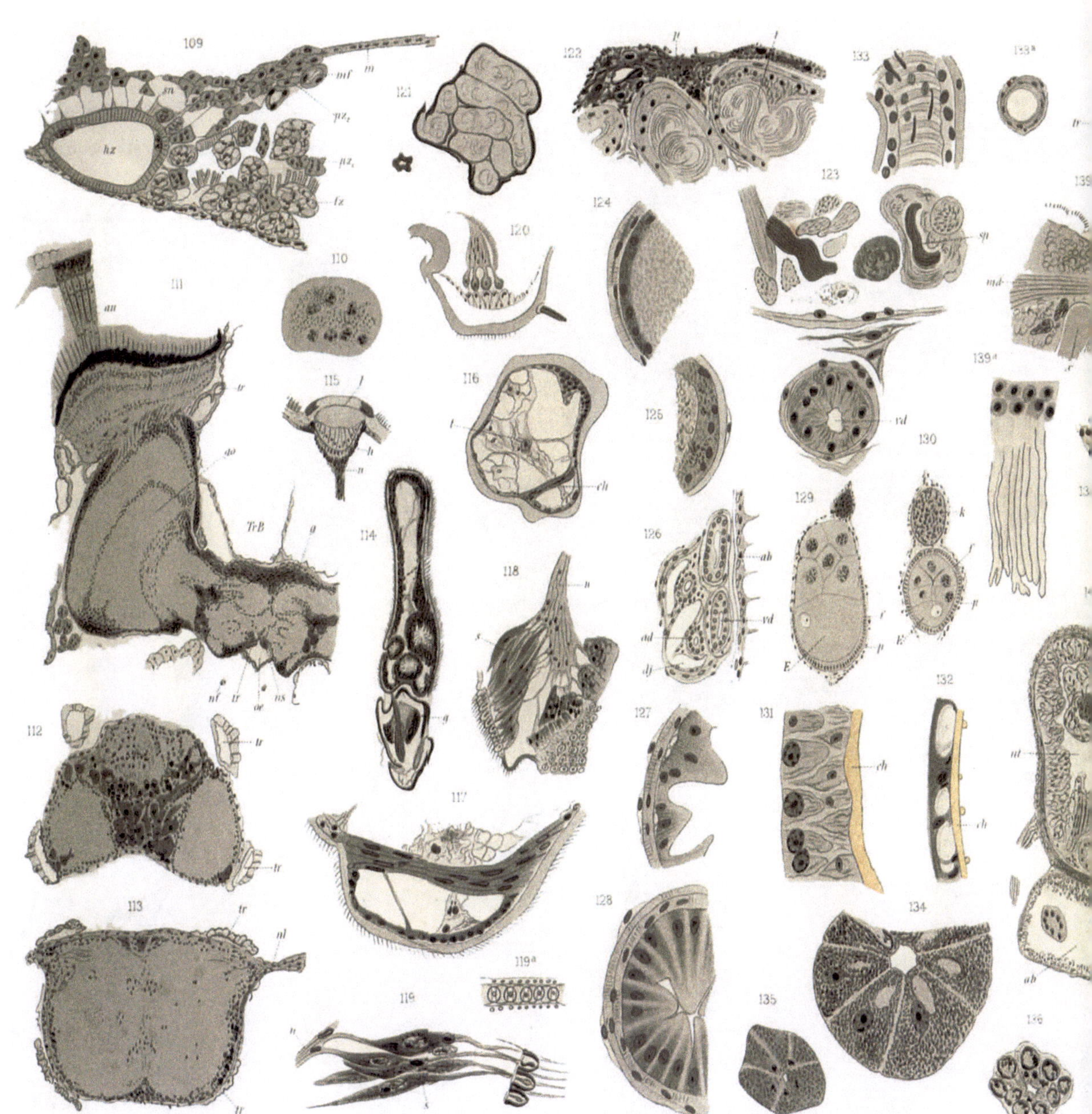

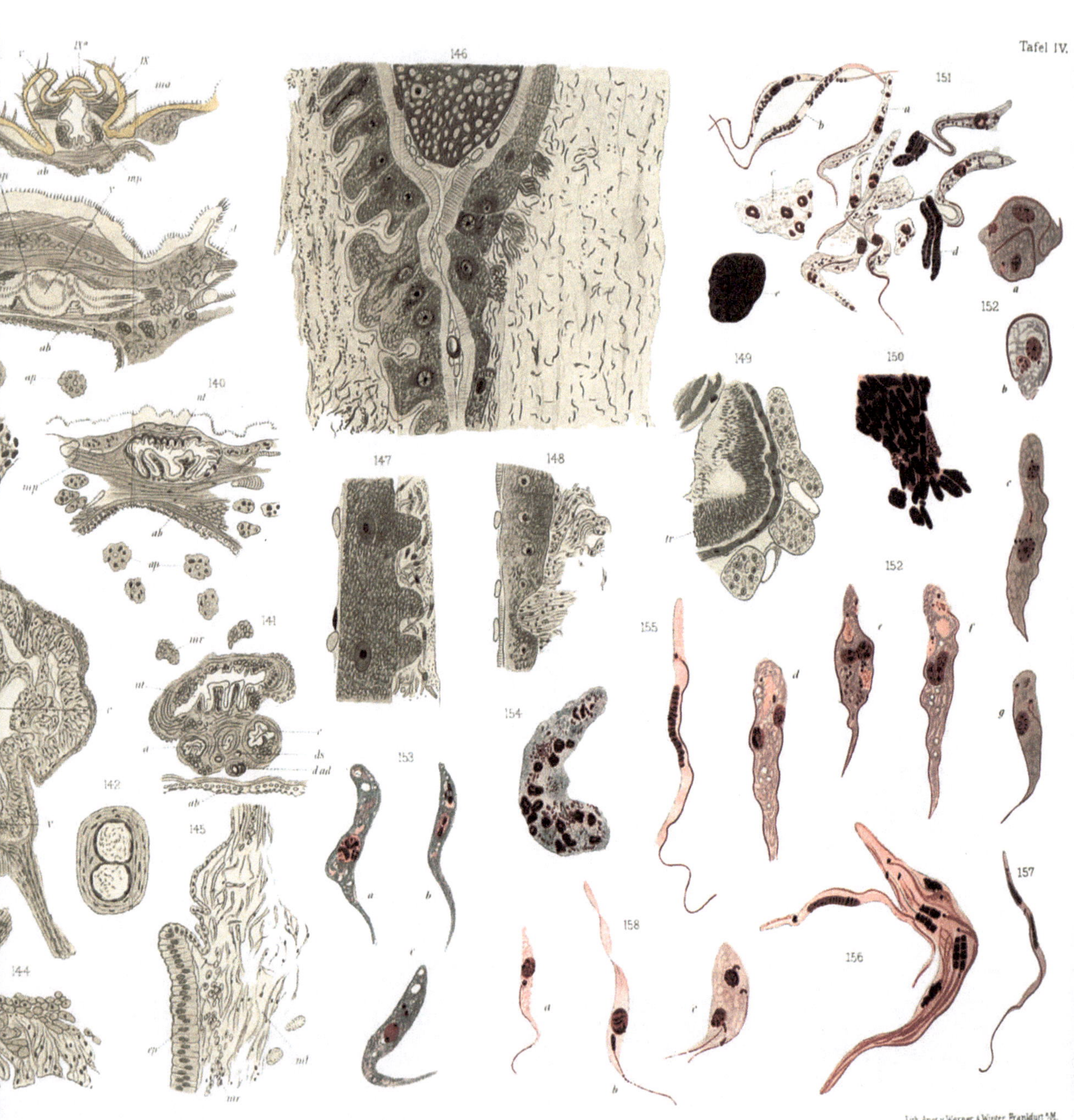